U0367969

编委会

彭阳红梅杏

陈克斌 主编

无公害高效生产配套技术

PENGYANG HONGMEIXING WUGONGHAI GAOXIAO SHENGCHAN PEITAO JISHU

黄河出版传媒集团
阳光出版社

图书在版编目（CIP）数据

彭阳红梅杏无公害高效生产配套技术 / 陈克斌主编
. -- 银川：阳光出版社, 2020.5
ISBN 978-7-5525-5289-8

Ⅰ. ①彭… Ⅱ. ①陈… Ⅲ. ①杏－果树园艺－无污染
技术 Ⅳ. ①S662.2

中国版本图书馆CIP数据核字(2020)第065814号

彭阳红梅杏无公害高效生产配套技术　　陈克斌　主编

责任编辑　马　晖
封面设计　赵　倩
责任印制　岳建宁

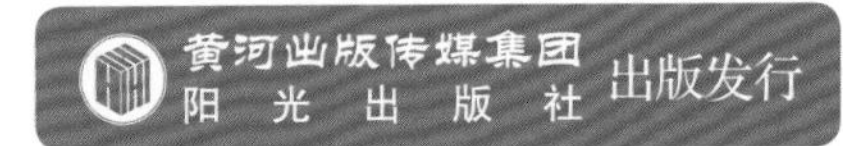

出 版 人　薛文斌
地　　址　宁夏银川市北京东路139号出版大厦（750001）
网　　址　http：//www.ygchbs.com
网上书店　http：//shop129132959.taobao.com
电子信箱　yangguangchubanshe@163.com
邮购电话　0951-5014139
经　　销　全国新华书店
印刷装订　宁夏凤鸣彩印广告有限公司
印刷委托书号　（宁）0016970

开　　本　880 mm × 1230 mm　1/32
印　　张　6.75
字　　数　150千字
版　　次　2020年5月第1版
印　　次　2020年5月第1次印刷
书　　号　ISBN 978-7-5525-5289-8
定　　价　30.00元

前言

村村有杏林，家家有“红梅”。杏树是彭阳县最美丽的生态景观之一。每年暮春四月，杏花竞相绽放，雪白的杏花占尽春风，艳态娇姿把彭阳山川装扮的诗意盎然，成为彭阳县乡村生态游的一道靓丽的风景线。彭阳作为“长城脚下的生态明珠”享誉全国，杏文化的传承早已成为彭阳人精神上的依托，经历过长期贫困苦难岁月的彭阳人只要看到杏林，心里就踏实，就看到了希望。杏林，是彭阳人心中的“金山银山”，红梅杏，是彭阳人心目中的“金果银果”。彭阳红梅杏如今已走出彭阳，成为彭阳一张靓丽的名片。

自1983年彭阳建县以来，历届县委、县政府领导始终坚持“生态立县”方针不动摇，不断探索具有彭阳特色的“富民强县”发展之路。近年来，县委、政府立足地理资源优势，把发展红梅杏产业当做支柱产业来抓，规模逐年扩大，效益逐年显著。截至2019年年底，全县发展红梅杏总种植面积累计5万亩，正常年份可产鲜红梅杏1500吨，产值达3000万元以上。随着交通日益快速发展，近年来市场价格一路攀高且供不应求。红梅杏已经成为彭阳及周边市、县（区）经济林发展的主要树种，具有广阔的市场需求，在生态建设、乡村振兴和农民脱贫致富奔小康中具有重要作用。彭阳红梅杏2011年被宁夏回族自治区林业局审定为宁夏林木良种,2016年12月，国家质检总局批准“彭阳红梅杏”为中国国家地理标志产品，2019年“彭阳红梅杏”荣获北京世界园艺博览会优质果品大赛银奖，同年制定出台了《彭阳红梅杏地方标准》。

彭阳气候和自然环境特殊，红梅杏表现出抗旱、抗寒、耐瘠薄的适生性，其果实外形近似圆形，单果重40克左右，果皮阳面呈红色，阴面呈黄色，可溶性固形物≥13.5%，总糖≥8.1%，总酸≤1.2%，果肉细腻多汁，酸甜可口，是彭阳特色优势果树品种。

为了充分发挥红梅杏的特色优势作用，彭阳县委、县政府以“丝绸之路”经济带和《宁夏空间战略发展规划》《固原市“四个一”工程规划》为依据，提出要大力发展彭阳红梅杏特色优势产业，彭阳县自然资源局组织编制了《彭阳县红梅杏特色优势产业发展规划（2020—2022年）》，主动适应新时期生态建设和经济发展形势，全力打造“彭阳红梅杏”特色优势产业发展升级版。如何实现红梅杏生产的无公害化，提高果品质量和产量，是迫切需要解决的问题。为了使彭阳红梅杏的发展成为高效支柱产业，增加农民经济收入，不断满足消费者需求，作者通过多年的调查研究，编写此书。希望本书的出版对广大种植彭阳红梅杏者学习相关知识、提升科技文化素质、助力农民脱贫致富发挥积极的作用。

本书参考了相关书籍及现有科学成果，在此，编者向资料和成果的提供者表示诚挚的感谢！由于编者水平有限，书中难免会有疏漏和不足之处，恳请各位读者批评指正。

编 者

目 录

第一章 彭阳红梅杏的生产概述 / 001

一、彭阳红梅杏的经济意义 / 001

二、彭阳红梅杏的栽培历史 / 003

三、红梅杏产业发展现状及面临的形势 / 004

第二章 彭阳红梅杏的生物学与生态学特性 / 012

一、彭阳红梅杏的生物学特性 / 012

二、彭阳红梅杏的生态学特性 / 038

第三章 彭阳红梅杏的苗木繁育技术 / 045

一、苗圃地的选择与整地 / 045

二、砧木种子的采集与处理 / 047

三、播种与砧木苗的培育 / 050

四、嫁接与嫁接苗的培育 / 053

五、苗木出圃、分级、假植、包装和运输 / 066

第四章　彭阳红梅杏的建园栽植技术 / 070

一、成品苗建园 / 070

二、直播建园 / 079

三、现有山杏的改接建园 / 080

第五章　彭阳红梅杏的土肥水管理技术 / 088

一、土壤管理 / 088

二、施肥技术 / 090

三、水分管理 / 101

第六章　彭阳红梅杏的整形修剪技术 / 105

一、红梅杏适用的树形及其整形过程 / 106

二、红梅杏的修剪技术 / 111

三、红梅杏不同年龄时期的修剪 / 117

四、红梅杏不良树形的修剪 / 125

第七章　彭阳红梅杏的抗寒性及防冻保果技术 / 127

一、寒害发生的生理基础 / 127

二、花果期冻害发生的外部条件 / 129

三、红梅杏的抗冻性 / 129

四、霜冻预测及防霜冻措施 / 130

第八章　彭阳红梅杏无公害生产的基本要求 / 135

一、无公害生产环境质量标准 / 135

二、杏无公害产品质量安全标准 / 137

第九章　彭阳红梅杏常见病虫害的无公害防治 / 140

一、红梅杏主要病害及其防治技术 / 140

二、红梅杏主要虫害及其防治技术 / 149

第十章　彭阳红梅杏的采收分级与包装运输 / 172

一、彭阳红梅杏的采收与分级 / 172

二、彭阳红梅杏的贮藏、包装与运输 / 176

第十一章　彭阳红梅杏品牌打造与保护 / 179

一、彭阳红梅杏品牌 / 179

二、彭阳红梅杏地理标志 / 180

三、彭阳红梅杏品牌保护措施 / 181

附录一　地理标志产品　彭阳红梅杏地方标准 / 187

附录二　杏树周年管理工作历 / 199

参考文献 / 203

第一章　彭阳红梅杏的生产概述

一、彭阳红梅杏的经济意义

红梅杏树适应性广、抗逆性强，根系发达，固土保水能力强，经济价值高，既可绿化荒山、防风固沙、改善生态，又可增加经济收入。果肉多汁、酸甜适口、香气宜人、营养丰富，是人们喜食的水果之一。彭阳红梅杏果实含可溶性固

形物13.5%，总糖8.1%，总酸1.2%，维生素C 8.26 mg / 100 g，钙9.752 mg/100 g，硒0.0037 mg/kg，铁0.304 mg / 100 g，钾410.804 mg/100 g，锌0.2 mg/100 g，磷17.7 mg / 100 g（见表1-1）。

图1-1 红梅杏果实（一）

红梅杏果实以鲜食为主，除鲜食外，还可加工成杏干、杏脯等。另外，杏仁也有丰富的营养，富含蛋白质23%~27%、粗脂肪50%~60%，糖类10%，每100 g杏仁中含磷338 mg、钙110 mg、铁7 mg，还含有丰富的维生素E及维生素B_{17}。杏叶含蛋白质12.14%、粗脂肪8.7%、粗纤维11.4%，是喂养家畜的好饲料。可以说红梅杏树全身都是宝，经济价值极高。而且发展红梅杏产业，既绿化美化环境，提高森林覆盖率，又起到了涵养水源、保持水土、防风固沙、抵御灾害、净化空气、调节气候等多种生态功能，是建设美丽乡村，实现山绿与民富双赢的需要。

表 1-1 彭阳红梅杏检测数据与国际鲜食杏平均值对比表

检验项目	国际鲜食杏平均值	彭阳红梅杏（2016 年检测）	彭阳红梅杏（2017 年检测）
总糖 / %	10	8.1	10.09
总酸 / %	1.3	1.2	1.2
维生素 C/（mg·100g^{-1}）	4.00	8.13	8.26
钙 /（mg·100g^{-1}）	14.00	13.3	9.752
硒 /（mg·kg^{-1}）	0.002	0.003	0.0037
钾 /（mg·100g^{-1}）	226.00	369.00	410.804
锌 /（mg·100g^{-1}）	0.2	0.2	0.2
磷 /（mg·100g^{1}）	15	17.2	17.7

二、彭阳红梅杏的栽培历史

彭阳红梅杏属彭阳当地的地方品种，在彭阳有着悠久的栽培历史。据清代《宣统固原州志》记载：清固原知州王学伊在其任上曾写《劝种树株示》“川源地畔，如有土性滋润，宜种桃、杏、枣、梨各色果木者，亦应察度办理。其能种百株以上者，奖给花红银牌；种千株以上者，奖给匾额；万株以上者，禀请奖给顶戴。”《劝种树株示》鼓励民众栽植杏树。今天，在彭阳县白阳镇白岔村、古城镇小岔沟村、城阳乡杨坪村、孟塬乡何岘村郭岔等乡镇农家的庄前、屋后、地埂坎边，仍完好地保留有二十多株上百年的彭阳红梅杏树。这些百年杏树，依然苍翠挺拔，印证着彭阳红梅杏悠久的发展历史。

1995 年以前，由于传统观念束缚，仅有农户庄前屋后零散种植红梅杏，1996 年以后，彭阳立足地理资源优势，大力发展“两杏一果”“退耕还林”工程、庭院经济林建设、普通杏改造嫁接等工程，大面积推广彭阳红梅杏的栽植，成为当地农业收入的重要来源，有效拉动了彭阳县农业经济的快速增长。

三、红梅杏产业发展现状及面临的形势

（一）彭阳县自然地理概况

1. 地理位置

彭阳县位于宁夏东南部边缘，六盘山东麓，介于东经106° 31′ ~106° 58′，北纬35° 41′ ~36° 17′，西连宁夏原州区，东南北临甘肃省庆阳市镇原县、平凉市和环县，面积2 528.65 km^2，辖4镇8乡，156个行政村，户籍总人口25.13万人，其中乡村人口19.00万人。交通便利，现已初步形成以县城为中心，彭青高速连通固原到彭阳半小时经济圈，309国道纵穿东西，203省道横贯南北，宝中铁路越境而过的交通网路。全县境内公路里程1 475 km，其中国道148.5 km，县道105.7 km，乡道483.3 km，村道731.5 km，12个乡镇均通了柏油路。

县域地形由西北向东南呈波状倾斜，其特征为梁峁起伏、沟壑纵横、河谷残塬相间，沟头塬边切割深而明显，河岸坍塌活跃。黄土丘陵为县域主要的地貌类型，分布于罗洼、小岔、冯庄、交岔、王洼、孟塬、草庙、白阳镇8个乡镇，海拔1 400~1 900 m，相对高差200~250 m，上覆小于100 m 的第四系黄土及类黄土，面积为2 272 km^2，占全县总土地面积的90%。半干旱草原植被，土壤为黑垆土，土质疏松，剥蚀严重。

西南部土石区属基岩疏缓复背斜构造，多为第四系黄土覆盖。主要是黄峁山，向东南方向延伸的支脉，分布于新集、古城境内，一般海拔高度2 100 m 以上，峁儿尖山2 418 m，为全县最高点，相对高差200~400 m，面积127 km^2，占全县总土地面积的5%；山脊多呈圆顶状，东西两侧山势均缓，坡度一般为

20°～30°；属黄土丘陵与山地的过渡地带，主要在新集乡、古城镇境内，面积为17 km²，占全县总土地面积的0.7%；海拔高度1 900～2 100 m，地形切割较为严重，部分岩石裸露。

东南部河谷冲积区位于红河、茹河流域两岸台地。其单块面积小，台面平整，前缘直立，一般高出河床3～20 m，包括古城、白阳、城阳、红河、新集5个乡镇，是全县两个冲积平原区；海拔高度1 248～1 800 m，面积为109 km²，占全县总土地面积的4.3%，多属二级河谷阶地。

2. 土壤气候特点

彭阳县海拔高度1 248～2 418 m，土壤分为黑垆土、灰褐土、缃黄土、新积土4个土类。

发育于黄土母质，剖面中可见钙的淀积物和有机质层，质地属轻、中壤，以轻壤为主，是彭阳县主要农业的土壤，面积2.19万 hm²，占土地总面积的86.7%。

县境内地表水主要来源于大气降水和地下水，年平均径流总量为1.3亿 m³。主要河道有红河、茹河和安家川河三条河流。

地下水来源于外围山区的地表水和境内降水入渗。地表水与地下水互相补充，年重复水量约为6 900万 m³。全县地下水天然资源量每年为757.5万 m³，可利用水量5 920万 m³，占地下水资源量的78.20%。

彭阳县属温带半干旱季风气候，其特点是春季干旱多风，夏季雷雨多灾，秋季凉爽干燥，冬季寒冷少雪。年平均气温7.4～8.5℃，

1月平均气温 −6.8 ℃，7月平均气温20.6 ℃；无霜期年平均140~170 d；年平均日照时数2 358.3 h，年总辐534.2 KJ/cm^2；年平均降水量350~550 mm，降水集在每年7~8月。

（二）红梅杏产业发展现状

截至2019年年底，全县红梅杏树占地总面积5万亩、挂果面积达到2万亩，年产量2 000 t，实现年产值5 000万元。从1995—2018年，发展面积由最初的0.2万亩增长到5万亩；提供主产区农民人均纯收入由最初的110元提高到3 450元，占主产区农民人均纯收入比例由2.5%增加到49.5%。2017年红河镇上王村5户农民18.2亩十年生红梅杏年收入12万元，亩均0.659万元，户均收入2.4万元，人均收入5 455元；蔺怀柱8年生红梅杏18亩，收入18万元，当年就脱了贫。发展红梅杏产业已成为彭阳当地农民脱贫致富、增加收入的有效途径。目前，全县有彭阳县云雾山林果发展有限责任公司、彭阳县果品开发有限公司2家企业，林果专业合作社等新型农业经营主体40个，参与农户约2万户，全县经果林产业生产、贮运、加工和营销体系不断完善，规模化、

图1–2 红梅杏果实（二）

科学化的发展格局初步形成。2016年“彭阳红梅杏”通过国家农产品地理标识认证，同年“彭阳杏子”被中国国际农产品组委会评为全国名优果品区域公用品牌，“彭阳红梅杏”地理商标正在审批中。彭阳县曾先后荣获“全国经济林建设先进县”“中国名特优经济林仁用杏之乡”等荣誉，彭阳红梅杏在“2019年中国北京世界园艺博览会”优质果品大赛中荣获银奖。2019年制定出台了《彭阳红梅杏地方标准》，为指导生产，实现了统一标准、统一收购、统一包装、统一品牌、统一技术支撑、统一检验检测，形成生产、销售、贮藏、运输、加工、包装一体化的技术指南，有效保护地方品牌，提升了彭阳红梅杏品牌知名度和影响力。

（三）彭阳红梅杏发展存在的问题

彭阳县红梅杏树面积大，但集约化、商品化杏园少，大多以庭院种植为主，日常栽培管理积极性不高，疏于管理，制约了产业升级换代，而且栽培品种优劣混杂，良莠不齐，严重影响果品质量和经济效益，也极大挫伤果农发展积极性。

栽培管理粗放。一是标准化果园较少，缺乏科学的修剪技术和树体管理技术。果农没有修剪杏树习惯，杏树多年不修剪，无树形，树冠郁闭，通风透光性极差，极大地限制了杏产业的发展。二是缺乏科学的土、肥、水管理规程，春季干旱缺水，不能及时灌萌芽水，对坐果、产量造成较大影响，施肥技术不当，不施肥或施肥总量少。三是缺乏科学的病虫害防治技术。

杏树生长季节对危害杏树生长、影响果实品质的介壳虫、食心虫等病虫害没有进行有效的虫情监测，单纯依靠化学药剂防治，缺乏生物和物理综合防治措施，加之杏园冬季不清园，造成病虫害集中爆发。

抵御自然灾害能力差。有效的晚霜冻、冰雹的测报体系不健全，自然灾害的防控措施不得力，导致果品产量低而不稳、质量不高。

杏果采摘处理及预冷保鲜贮存设施缺乏，杏果实质地较软，包装简陋，不耐贮藏保鲜，产品深加工能力较弱，产业链延伸不足。同时，由于地处偏远地区，交通运输不便，运输成本较高，均给杏产业发展造成一定的困难。

销售渠道单一，地方品牌宣传力度不大，缺乏龙头企业带动。在彭阳，红梅杏以传统销售模式为主，即以合作社、种植大户自行销售，电商销售模式参与度不高，几乎没有龙头企业对红梅杏鲜果统一销售。品牌号召力弱，目前彭阳红梅杏在区内具有一定的知名度，但广大消费者难以辨别真假，难以区分出真正产于彭阳的红梅杏，影响了彭阳红梅杏的声誉和销售。

缺乏专业技术队伍，果农缺乏培训。没有专业团队引领，没有与科研单位、大学院校合作，没有专业技术人才做专业的事，生产上缺乏技术骨干、农民缺乏实用技术，没有发挥科技特派员到农村田间地头、示范引领、创新创业带动发展机制；农民的科技意识淡薄，对先进实用技术一知半解。这些问题是严重制约红梅杏产业发展的瓶颈问题。

（四）彭阳红梅杏发展可行性

1. 气候、土壤条件适宜杏树生长

杏树是喜光树种，抗旱、耐寒、耐瘠薄、适生范围广。在我国从北纬23°~53°都有分布，除南部沿海及台湾、海南两省以外，几乎都有杏树的栽培或分布，以新疆、黄河流域为主栽培区。杏树在−30℃下能安全越冬，在夏季平均温度36.3℃能正常生长，在年降水50~1 600 mm都能生存。杏树根系深、好气性强、喜欢在土质疏松、排水排气良好的土壤生长。彭阳的土壤和气候条件均能满足杏树生长发育和开花结果。

2. 彭阳具有丰富的杏树种质资源

自20世纪80年代开始，宁夏农林科学院在彭阳设立果树课题组，先后从全国各地引进曹杏、兰州大接杏、华县大接杏、红梅杏、龙王帽、一窝蜂、串枝红、凯特、金太阳、意大利1号等鲜食、加工、仁用良种30多个，为杏树产业稳定发展打下坚实的品种资源基础。

3. 市场前景好

市场的需要是推动杏业发展的动力。随着人们生活水平的不断提高和食品加工业的快速发展，天然绿色食品越来越受到消费者的青睐，鲜食杏的发展前景广阔，其加工业也会应运而生。反过来，又会促进鲜食发展，形成一条良性发展的道路。目前以杏仁、杏肉为主要原料制成的各种高档保健食品、饮料以及化妆品等已成为市场上畅销商品，杏木、杏壳亦是纺织、造纸、木材加工等轻工业的上好原料，用途广泛，产品销售前景好。

4. 彭阳县有杏树种植的良好基础

从“九五”发展规划期间，宁夏农科院园艺所和县林业局共同进行杏新品种引进及技术开发研究，成功总结出杏树工程造林的“88542”反坡水平沟栽植技术，总结摸索出配套的山杏截干深栽、杏树嫁接与高接换种技术。随后原宁夏林业厅成功实施“两杏一果”扶贫开发工程，从园地选择、规划、育苗、整地、栽培技术、组织实施等方面都积累了不少宝贵经验。而且部分农民依靠杏树脱贫致富，也起到了很好的典型示范作用。

5. 领导重视

县委、县政府领导对杏产业的发展十分重视，将其作为我县农民脱贫致富奔小康的一条有效途径和退耕还林的后续产业开发的重点。有各级领导的认识可，有广大干部群众的积极参与，做大做强杏产业的时机已成熟。

第二章　彭阳红梅杏的生物学与生态学特性

一、彭阳红梅杏的生物学特性

彭阳红梅杏为乔木树种，实生植株寿命长，可达上百年。一般嫁接苗在栽植后第三年就开始挂果，8~10年进入盛果期，盛果期可持续30年以上。

彭阳红梅杏一般树高3~5 m，树姿开张，树冠多为圆头形或自然半圆形，树体较高大，树姿较开张（见图2-1）。

图 2-1　红梅杏

（一）形态特征

1. 根系

彭阳红梅杏的根呈紫褐色，表面光滑，具有网状皱纹，分根处呈突起状，分根的角度较小。根系由主根、侧根和须根组成。主根由种子胚根发育形成，垂直生长；侧根从主根侧面生出，横向延伸；须根生长在主侧根上，吸收营养、水分。彭阳红梅杏的根系发达、生长量大，分布较为深广，强大的根系是其抗旱性强的物质基础。解剖分析发现，根内部的导管密度较大，管壁较厚且多为螺纹和网纹类型，次生木质部的木质纤维细胞细而短、孔径小。此外，根的组织中活组织少而死细胞多、皮层厚，有利于水分和营养的输导与保存。这些特征也使彭阳红梅杏树比其他经济树种更具抗旱、抗寒能力。彭阳红梅杏主根在山地能入土层深处，其垂直根甚至可达到7 m 以上。水平根的分布可超过树冠1倍多。根系通常主要集中分布在20~60 cm处，70 cm 以下根系较少。在主根和侧根上生有许多须根，它是吸收水分和各种矿质营养的主要部位。

2. 芽的类型及其特性

芽属鳞芽。按其功能和构造可分为叶芽和花芽两类。叶芽芽体瘦小，萌发后长成枝和叶。花芽为纯花芽，芽体肥大而饱满，萌发后只能开一朵花；按着生方式分为单芽和复芽。着生在叶腋间的侧芽，只有一个叶芽或花芽的称为单芽，复芽是指在节上着生两个或两个以上的芽。单芽与复芽的数量、比例及着生位置与品种特性、树体营养状况和枝条光照条件等有关；按萌发情况分为萌发芽和潜伏芽。萌发芽是指当年形成并在当年或第二年能萌发的芽。潜伏芽是指暂时不能萌发，只有在受到刺激时才萌发成枝条的芽。潜伏芽一般位于枝条基部。由于早春气温低，叶面积小，光合能力差，导致潜伏芽一般发育程度低、长势弱。潜伏芽的寿命可达20~30年。如果采用重剪或回缩等措施，可促使潜伏芽萌发成枝条，芽具有以下特性。

（1）萌发力强，成枝力弱　具有明显的顶端优势，当年生枝在春季萌芽时，只有顶端几个芽可萌发，并成长枝，其余均萌发为短枝。因此容易产生树冠内膛较稀疏，主侧枝出现光秃，结果部位外移等现象。

（2）叶芽具有异质性　在同一枝条上，基部芽体瘦小，不能萌发而形成潜伏芽。枝条中部的芽，在形成时气温较高，树体叶幕已形成，水分、养分都比较充足，所以中部的芽体大而饱满。当枝条剪截至中部芽位置时，这些壮芽可以抽生新的发育枝或中、长果枝，形成的花芽也充实，坐果率高。在2次枝或3次枝，因经多次分枝，其营养消耗较多，加之叶片生长期较短，导致2次枝或3次枝上形成的芽体一般较瘦小，其抽生的枝条细弱，木质化程度差，花芽开放得较晚或不能开放，坐果率也低。但与3次枝相比，2次枝上的芽相对较饱满、充实。

（3）芽有早熟性　当年形成的芽，当年即可萌发。因此，1年内可抽生2次或3次枝。生产中常利用这一特性，通过对枝条进行摘心来促发2、3次枝，以加速树冠形成，增加结果枝的数量。

3. 枝干

自然生长的彭阳红梅杏，主干高大。而通过园艺栽培嫁接后的彭阳红梅杏，树干相对较矮，主干一般为60~80 cm。幼树树干表面光滑，呈褐色；成龄时，树干表面则变为黑褐色，树皮粗糙，表面具有深浅不一的纵向裂纹。

按生长部位和顺序的不同，可将彭阳红梅杏的枝分为中心领导枝、主枝、侧枝、延长枝等。树冠就是由中心领导枝、主枝及各级侧枝组成骨架、骨架上着生各级枝组成的。彭阳红梅杏树干的干性强，有明显的中心干。常按照生长部位、年龄、结果特性等的不同，把枝条分为如下种类。

（1）延长枝　主侧枝向前延长生长形成的枝条。

（2）新梢　当年生长的新枝。

（3）春梢　春季生长的新梢部分。

（4）夏梢　夏季生长的新梢部分。

（5）秋梢　秋季生长的新梢部分。

（6）副梢　夏梢和秋梢合称为副梢。

（7）一年生枝　一年之中生长的枝条。

（8）二年生枝　生长了两年的枝条。

（9）多年生枝　生长了两年以上的枝条。

（10）发育枝　由一年生枝上的叶芽萌发而成。这类枝多着生在大枝先端，起扩大树冠和增加结果部位的作用。发育枝生长旺盛充实，各节生有叶片，叶腋间为叶芽，也可形成少量花芽，但很少能结果。发育枝有时能抽生副梢。幼龄期发育枝的数量较多，生长量大。一般定植后4~5年生的树，发育枝的年生长量甚至可达1.5 m 以上。但随着树龄的继续增大，发育枝的数量和生长量会逐渐减少，延长枝会逐渐变为结果枝。在衰老的树上，发育枝会完全被结果枝代替。高接换头的树上，最初1~2年也会形成大量的发育枝。但进入盛果期后，发育枝会逐渐减少。另外，管理水平高、生长旺盛的树，盛果期发育枝年生长量仍可达30~50 cm。在管理粗放、肥水不足、很少修剪的情况下，发育枝的生长量会很小，一般仅生长5~10 cm。说明加强管理是延缓树体衰老的有效措施。

（11）徒长枝　由于生长过旺，修剪过重或其他刺激，往往导致树冠内部多年生大枝上的潜伏芽萌发，生出一些直立性的枝，这类过于旺盛生长的发育枝叫徒长枝。徒长枝节间长、叶片大而薄、生长发育不充实，不能形成花芽。在幼树上，徒长枝往往作为竞争枝，消耗养分，影响骨干枝的生长，扰乱树形。因此，整形修剪过程中，常根据徒长枝的位置情况，采用扭梢、拉枝等方法，以改变其方向，使其转化为结果枝，或将其从基部疏除。对盛果树的徒长枝，可将其短截后培养成枝组，以扩大结果部位。衰老树的徒长枝应加以保留，以利用其更新树冠。

（12）结果枝　着生有花芽的枝条称为结果枝。结果枝的多少与树体所处的树龄时期密切相关。一般幼龄期的树体，其上的枝条全是营养枝；初果期树体上，营养枝明显减少、结果枝增多；盛果期树体上，一般结果枝占优势、营养枝较少；衰老期树体上，甚至可以全是结果枝。结果枝按长度可分为四类。

①长果枝　长度在30 cm 以上的结果枝。以初结果树上较多，花芽多着生于枝条中上部。这种果枝上花芽不充实，质量差，坐果率较低，不宜作结果用，只可用作扩大树冠或经短截后改造成枝组，扩大结果部位。

②中果枝　长度在15~30 cm 的结果枝。中果枝是初果期树体的主要结果部位。中果枝生长势中等，其上的花芽发育充实、坐果率高。中果枝在结果的同时，顶芽还能萌发新梢，第二年生成新的短果枝或花束状果枝，能保持连年结果能力。

③短果枝　长度在5~15 cm 的结果枝。短果枝以盛果期树体上较多。短果枝生长较细、花芽坐果率高，是盛果期杏的主要结果部位。短果枝和中果枝构成了盛果期杏树产量的主要来源。

④花束状果枝　长度在5 cm 以下的结果枝。花束状果枝坐果率较高，生长势较弱，甚至结果后枯死，是盛果期和衰老期产量的主要来源。

杏萌芽力高、成枝力弱，形成果枝的能力强。对1年生发育枝，若不剪截，有饱满顶芽的枝条多单轴延长，除基部少数芽不萌发而形成潜伏芽外，其余的芽几乎全可萌发而抽生成短果枝和花束状果枝，形成串状结果枝。如果轻剪发育枝，剪口以下一般只抽生1~3个发育枝，其余芽可依次萌发形成长果枝、中果枝、短果枝和花束状果枝，即在一个经过剪截的2年生大枝上，可见到4种类型的结果枝。串状结果枝组上的短果枝，一般长势均衡，每年在结果的同时，还可向前延伸新枝，形成花芽，继续结果，结果寿命可达6~7年。花束状果枝只能连续结果2~3年。杏成枝力弱，长枝少，一般枝条不密集，树冠较稀疏。由于杏成枝力弱，减少了结果枝数量，因此要通过适当的短截，促进叶芽萌发、抽生枝条，从而扩大结果部位、提高产量。但是，过重的短截会助长剪口芽的长势而抑制下部芽的萌发，因此剪截应适当。杏幼树若不及时修剪，对幼树的成形和树冠扩大十分不利。在杏的幼树上，常形成一些针刺状的小枝，这些小枝细而短，长度在5~10 cm，且尖削度较大，节短而无顶芽，一般直接生长在主干和大枝上。这些小枝不再延伸，但可生成花束状结果枝，对幼树的结果有一定的作用，因而应适当保留，少疏除或短截。这类枝寿命很短，一般结果2年后就自行枯死。对枯死的针刺状枝应疏去，以利通风透光和便于管理。

4. 叶

彭阳红梅杏叶片为单叶、互生，在芽内为卷曲状。自叶原基出现后，经叶片、叶柄的分化，叶片的展开直至叶片停止生长为止，构成了叶片的整个发育过程。初生幼叶黄绿色，生长成熟的叶片深绿色，卵圆形，长6~9 cm，宽5~8 cm。叶上下两面光滑无毛，平展或略呈抱合状。叶尖突出，叶基心形或圆形，叶缘有锯齿或重锯齿，整齐，叶主脉绿色。叶柄长2~4 cm，阳面紫红色，背面黄绿色，有1~2对小托叶和1~4对腺体。叶片的功能是进行光合作用，制造有机养分、呼吸和蒸腾作用，此外还可通过叶片吸收水分和养分。叶片的形态、色泽是鉴别树体营养状况的主要标志。叶大、肉厚、色泽浓绿，表明土壤营养状况和栽培条件良好，生长旺盛。在干旱、瘠薄条件下生长的植株，叶片小而薄，色泽淡。一般枝条中部的叶片大而厚，树冠外围的叶片比内膛的大而肥厚。叶面喷肥是快速增加树体营养的一种有效的施肥方式。叶的横切面上可以见到表皮、叶肉、

图 2-2　红梅杏幼树及叶片

叶脉3部分。表皮外壁具有透明而较厚的蜡质层。叶肉由多层的薄壁细胞组成，靠近上表皮的长柱形栅栏组织排列整齐、间隙小，近下表皮的海绵组织排列不规则、疏松、间隙大。红梅杏的叶脉由木质部、韧皮部、厚角组织组成。当叶片随着枝的生长而满布于树冠，就形成一个与树冠相一致的群体结构，称为叶幕（见图2-2）。叶幕结构因品种、栽植密度和气候条件有所差异，同时，整形修剪对叶幕的结构形成也有较大的调节作用。叶片的状况和叶幕结构对红梅杏树的生长发育、产量和果品质量都有重要作用。生产上采用一切技术措施保护叶片不受损害、不提前落叶是非常重要的。叶幕结构是全树总叶片的自然分布，合理的叶幕结构是丰产的基础。叶幕结构常用叶面积指数来表示。所谓叶面积指数，是指单位面积内栽植杏树株数的总叶面积与单位土地面积的比值，即单位土地面积上杏树的总叶面积。叶面积指数常与产量有一定的相关性。叶面积指数高，说明叶片多，总叶面积大，有利于有机营养的制造。但叶片过多，又会因互相遮阴而降低光合作用强度。因此，既要有适当的叶面积指数，又要保持叶片有最大的光合作用能力。研究资料表明，杏产量随着叶面积指数的提高而增加，合理的栽植密度和整形修剪能够促使形成合理的叶幕结构，增加叶面积指数，提高光合利用率，实现高产、稳产。

5. 花

（1）花的构造　彭阳红梅杏的花为两性花，单生，先叶开放，每个花芽发育一朵花。花较大，花冠直径3.0 cm左右，无花柄或花柄极短，萼筒圆筒状，具短柔毛，紫红绿色，萼片5裂，卵圆形至椭圆形，花后反折。萼筒内侧黄绿色或橙黄色。花瓣5枚，圆形或倒卵圆形，微带粉红色。雄蕊30~40枚，分两层着生在萼筒内侧，由花丝和花药组成，短于花瓣，其中一半左右花丝较长（0.9~1.4 cm），其余较短（0.4~1 cm），长、短雄蕊间隔排列，呈内外两轮；花药2室，呈橙黄色、黄色、淡红色。雌蕊1个，长1.2~1.5cm，花柱及柱头为黄绿色。子房上位，被柔毛，1心室2胚珠（见图2–3）。

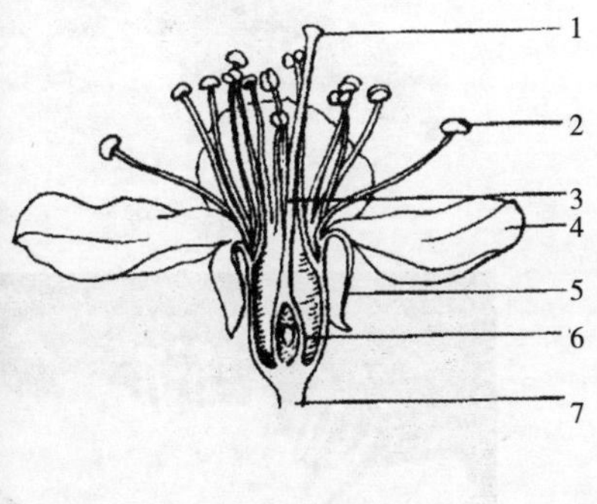

1. 雌蕊柱头；2. 雌蕊；3. 花柱；4. 花瓣；5. 萼片；6. 子房；7. 花托。

图2–3 红梅杏的花

（2）花的种类　杏花由于发育不健全而形成了4种类型，雌蕊长于雄蕊；雌蕊、雄蕊等长；雌蕊短于雄蕊；雌蕊退化。（见图2-4）前两种类型花可以受粉、受精、结实，称为完全花。第三种类型的一部分可以授粉，但结实能力差，另一部分在盛花期开始萎缩，而失去受精能力。第四种类型花，不能受粉、受精，称为不完全花。在生产中，常将后两种类型花称为败育花。在杏生产中常由于大量的败育花的存在，降低了结实率，造成“满树花，半树果”，甚至于出现“只见花，不结果”的现象，对产量产生很大的影响。4种不同类型的花的多少及所占的比例与品

雌蕊短于雄蕊　雌蕊、雄蕊等长

雌蕊长于雄蕊　雌蕊退化

图2-4　彭阳红梅杏的四种花型

种、树龄、树势、枝型、营养状况及栽培管理条件等有密切的关系。不同品种的败育花所占比例差异很大，这一差异是一种遗传性的表现。同一品种的老树、弱树、粗放管理的树，败育花所占比例相对较大。因此，通过修剪以及加强肥水管理，就能改变树势，增加完全花的数量。在同一株树的不同类型枝条上，败育花的比例也有较大差异。一般是新梢败育花多于长果枝，长果枝多于中果枝，中果枝多于短果枝，短果枝多于花束状果枝。因此，中短果枝是杏的主要结果部位。果实成熟晚的比成熟早的败育花所占比例大，这主要与花芽分化时期有关。同一株树在树冠内下部主枝败育花多而上部少，树冠内膛多而外围少，结果枝细的比粗的多，水平生长的比斜向生长的多。这主要是由于主枝上部和树冠的外围通风透光好，粗壮枝条和斜生枝条的营养状况好，花芽分化质量高的缘故。放任的、自然生长的树就比修剪过的树的败育花多，水肥条件好的树败育花少。

综合以上诸多因素，除品种和灾害性天气外，影响败育花多少的主要因素是花芽分化质量，而花芽分化质量的好坏又取决于树体营养水平。试验表明，粗放管理的大面积生产园，完全花仅占40.1%，坐果率为8.7% 左右；而经过施肥、修剪、灌水的杏园，完全花可达到51.2%，坐果率达11.3%，比粗放管理园提高25% 以上。因此，加强田间树体的土肥水管理，是降低败育花比例的根本措施。

6. 果实

彭阳红梅杏果实月在7月中下旬到8月上中旬成熟。果实呈圆形，果顶微凹，缝合线明显。梗洼中深，果柄短。果实直径约4.0 cm，单果均重40 g左右，果实阳面具鲜红色晕，红色占到果面的50%~70%，阴面呈黄色。果面少绒毛，色泽鲜亮，味甘甜爽口，香气浓郁（见图2-5）。

图2-5　彭阳红梅杏果实

7. 种子

彭阳红梅杏的种子又称杏核。核壳木质化，坚硬，圆形或椭圆形，两例扁平，表面光滑。核内含1粒种仁，极少有2粒种仁。成熟种子扁圆形，顶尖，底平，皮棕黄色，甜仁。由于胚胎发育不完全，不能作为种子播种繁育。

（二）生长发育特性

1. 彭阳红梅杏一生中的生长发育特性

（1）幼树生长期　从苗木定植到第一次开花结果或开始有收益时为止，这一时期称为幼树生长期或营养生长期。一般是3~5年。这一时期树体生长旺盛，分枝量增加，树冠迅速扩大，树体结构基本形成，营养生长占优势。这一时期的栽培措施很重要，它关系到树体今后的经济产量和寿命。应注意土、肥、水的调节，促进幼树旺盛而健壮生长，并辅以整形修剪，培育出理想的树体结构，为开花结果做好形态上和物质上的准备。

（2）初结果期　从开始结果到大量结果之前，称为初结果期。这一时期出现的早晚和持续的时间，与品种和栽培管理条件有关，一般3~5年。这一时期树体生长仍很旺盛，树冠迅速扩大，分枝量增加，树体结构基本形成，由营养生长占优势逐步向生殖生长占优势过渡。有的品种开始挂果后，会很快进入盛果期。这个时期的栽培任务主要是加强水肥管理，注意培养和安排好结果枝组，合理配置各种枝条，培养良好的树形，在保证树体健壮生长的基础上，尽快提高产量，获得早期丰产。

（3）盛果期　从开始大量结果（形成经济产量）到树体衰老之前（产量持续下降），称为盛果期。这一时期的长短与环境条件和栽培管理水平密切相关，一般20~30年，长的可达上百年，是获得最大经济效益的时期。这个时期的特点是根系和树冠的扩大都已达到最大限度，新梢生长很弱，结果部位逐渐由树冠中下部移到上部，由内膛移向外围，结果枝基部光秃，有的小枝开始干枯，结果量也达到了顶峰。盛果期由于大量的营养物质供给果实生长，消耗量很大，很容易造成营养物质在供应、运输、分配、消耗与积累平衡之间关系的失调，而出现"大小年"结果现象。这一时期在栽培技术方面主要是加强光照及土壤肥、水的管理，防治病虫害，保护好树体。并通过合理修剪调节生长与结果，积累与消耗的矛盾，以均衡树势，尽量减少。

（4）衰老期　从产量明显持续下降、树体开始衰老到全株死亡以前，称为衰老期。这个时期大部分骨干枝光秃，新梢生长量小而细弱，结果枝组枯死量增多，叶量减少，根系的更新能力衰退，树体抗逆性显著减弱，产量很低，品质差，这一时期一般在40年后才出现。衰老期的前期要加强土、肥、水管理，增施有机肥。此时由于树势衰弱，易发生各种病虫害，所以应及时防治病虫害，努力维持一定的产量。立地条件好的，可进行更新复壮，2~3年就能恢复树体，并能结果。

2. 彭阳红梅杏的年生长发育

（1）根系的年生长　彭阳红梅杏根系全年没有绝对的休眠期，只有根尖分生组织才有短暂的相对休眠。只要温度、湿度、通气条件满足，根系全年都可以生长。一般情况下，1年中根系的生长活动早于地上部分的生长。彭阳红梅杏根系的生长发育，随着季节的变化而呈现一定的规律性，即：幼龄树根系在春、夏、秋有三次生长高峰，成龄树根系在春、秋有两次生长高峰。早春当土壤温度升至5℃时，细根已开始活动，但生长速度较缓慢，生长量也很小。当彭阳红梅杏树发芽后，其根系生长达到第一次高峰，随着枝叶的生长，果实膨大，根系活动渐入低潮。在果实采收后，树叶已停止生长，根系生长又趋于高峰，但没有第一次高峰的生长量大。11月以后，地温下降到10℃以下时，根系生长很弱，几乎停止。另外，彭阳红梅杏的根系具有明显的趋肥性和趋水性。土壤肥力、水分较好的情况下，根系的生长量增大，根系分生能力也会增强。合理的耕作制度和肥水管理，对根系的生长发育有利。生产中，由于行间耕作，肥水状况较好，所以一般行间比行内的根量多。根、干交界的根颈处，是树体地上部分与地下部分进行营养交流的关键部位，是"咽喉"要道，此处生理活动最活跃、最敏感，其进入休眠较晚且休眠不深，休眠期也短，解除休眠较早。根颈区域因接近地面，最易遭受伤害，因此，应特别注意保护。在定植时，不宜将根颈部埋得过深或过浅，甚至裸露于地面上，这不利于根系及地上部的生长，也影响树木的栽植成活率。根系受伤后能产生愈伤组织，并发出不定根，增加根的总量。因此，适时、合理地耕翻和刨树盘，可以刺激不定根的发生，有利于根系的更新和树体的生长。

（2）彭阳红梅杏枝条的生长发育　彭阳红梅杏树枝条的加长生长，通常是通过顶芽的延伸或从短截枝上的腋芽抽生来进行。其新梢是在开花以后开始生长的，一般在4月中下旬叶芽开始萌动后，随着气温的逐渐升高，生长加快。1周左右的缓慢生长之后，当日平均温度升至10℃以上时，枝条进入旺盛生长期，此时加长生长显著，幼叶快速分离，叶片增多，叶面积增大。在萌动后15~20 d（5月中下旬），枝条加长生长达到最大，生长量占全年的70%左右。到6月上旬，由于温度、湿度、光照条件的影响，以及芽体内部抑制物质的形成和积累，使得枝的顶端芽分生组织细胞分裂缓慢或停止，枝条由旺盛生长逐渐过渡到缓慢生长，进一步形成新的顶芽。此时，第一次生长停止，春梢形成；由于杏树的芽具有早熟性，春梢上的顶芽形成后，还可以继续萌发和生长。1年中，可抽生新梢1~3次，分别叫春梢、夏梢、秋梢。春梢上的花芽比较充实；夏梢节间短，也能形成发育充实的花芽；秋梢枝条细弱，节间短，芽小而密，次年不能抽生壮枝。枝条除了加长生长之外，还有加粗生长。枝条的加粗生长是由于枝条内部的形成层细胞分裂、分化、增大的结果。枝条的加粗生长比加长生长来得晚，停止生长也晚。彭阳红梅杏树发育枝和结果枝的年生长动态是不一样的。一般，结果枝的芽萌发后，幼叶明显增大，但新梢加长生长并不明显，此期称为叶簇期，约为5 d。一部分新梢在叶簇期后不再继续生长，形成花束状果枝。另一部分新梢在叶簇期后，加长和加粗生长速度加快，进入旺盛生长期，新梢旺盛生长期持续20~30 d

停止生长，封顶形成短果枝、中果枝和长果枝。影响彭阳红梅杏枝条生长的因素很多，如树龄、树势、树体贮存养分状况、土壤中无机元素的含量、温度、水分、光照等，都能影响新梢的生长。除此之外，枝条的生长与修剪关系也十分密切。

（3）彭阳红梅杏花的生长发育

①花芽分化　彭阳红梅杏树的花芽分化和其他核果类果树一样，都属于当年花芽分化，翌年开花结果的类型。花芽分化是成花的基础。花芽的形成要经过生理分化和形态分化两个阶段。花芽分化时，先进行生理分化，以实现芽体由营养生长向生殖生长的转化。只有在完成生理分化的基础上，才能进入形态分化。花芽形态分化可分为以下几个时期。

A. 未分化期　此时生长点狭小，生长点范围内原分化组织的细胞体积小，形状相似，生长点中央区细胞层数较少（见图2–6）。

B. 分化初期　生长点先变肥大，随后突起，呈半球形，此突起就是花蕾原基。此期由6月下旬延续至8月下旬，盛期为7月上中旬（见图2–7）。

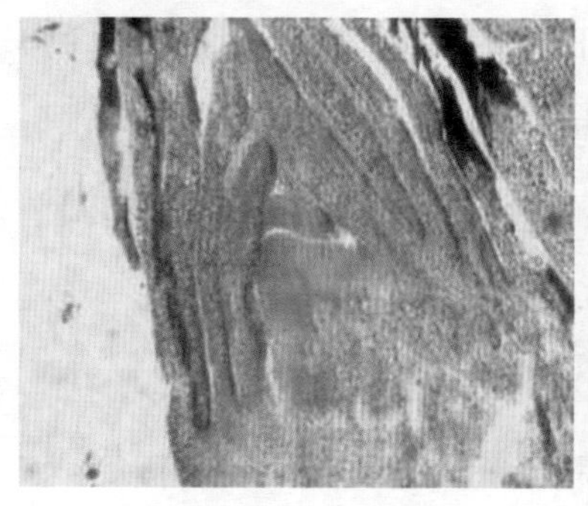

图2-6　未分化期

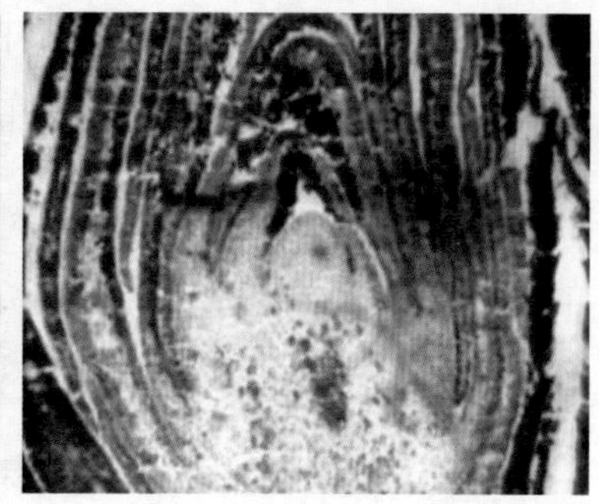

图2-7　分化初期

C. 萼片分化期　伸长的生长点顶部先变宽变平，然后经过4周产生突起，此突起即为花萼原基。该期为7月中下旬到9月中下旬，盛期为8月中旬（见图2-8）。

D. 花瓣分化期　在伸长的花萼内侧基部产生一轮突起，即为花瓣原基。该期为8月上中旬到9月中旬（见图2-9）。

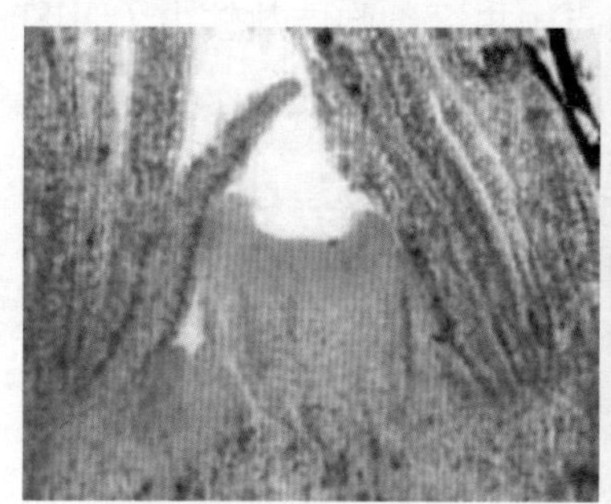

图2-8　萼片分化期

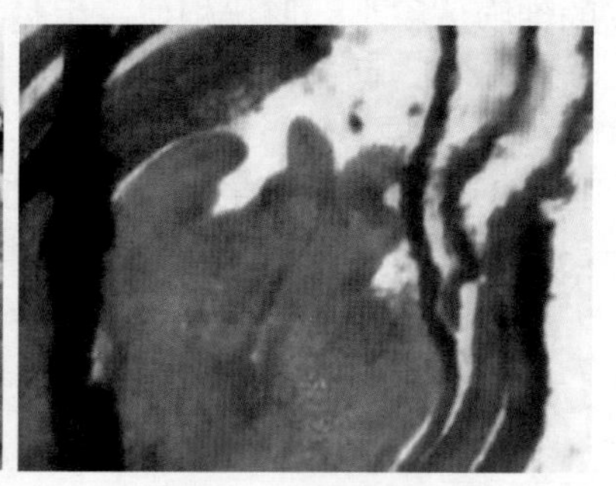

图2-9　花瓣分化期

E. 雄蕊分化期　在花瓣原基内侧基部相继出现上下两轮突起，即为雄蕊原基。该期为8月中旬到9月中旬（见图2-10）。

F. 雌蕊分化期　在第二轮雄蕊原基下方，花原基中心底部出现1个突起，向上生长，即为雌蕊原基。该期为8月下旬至9月中下旬，盛期在9月上旬以后。在9月下旬到12月期间，除了花蕾各器官的原基继续增大以外，雄蕊和雌蕊进一步发育分化。花药显著地形成蝶形的4室形态，已有孢原组织（花粉母细胞）呈现出花粉囊发育的晚期结构。雌蕊发育出现了花柱的萎缩、弯曲等畸形蜕变的多种形式，同时出现了珠心组织、雌蕊退化现象。完成花芽分化后，花芽就具有了完整的外形和花器的主要结构（见图2-11）。

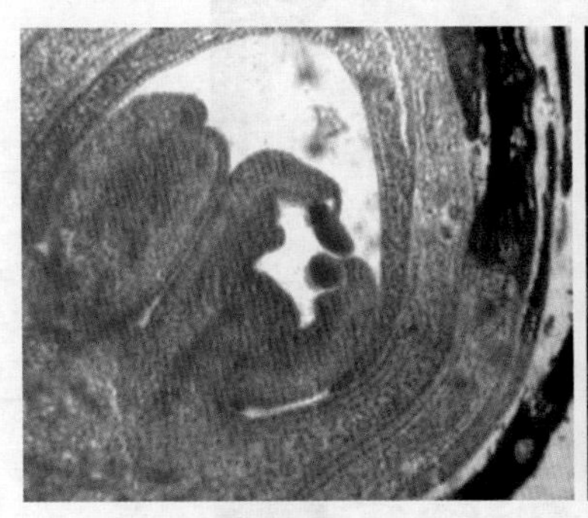

图2-10 雄蕊分化期

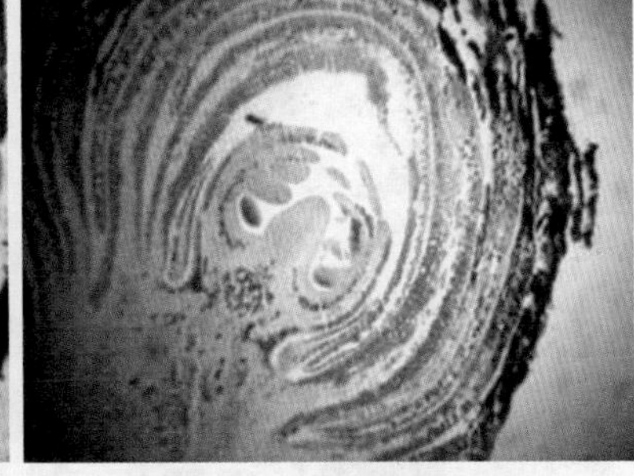

图2-11 雌蕊分化期

影响花芽分化的因素很多，其中树体内营养物质的积累水平是花芽分化的基础。树体营养状况好的，花芽分化就好，完全花的比例就大，结实率也高。因此，在大面积生产中，应改变粗放管理的落后状况。在田间管理方面，有条件的地方可适时、适量地施肥浇水，没有条件的可采取深翻埋草及各种水土保持措施，改善树体营养水平。通过合理修剪，控制开花量，也可增加树体营养，促进花芽分化和开花结果。此外，气候条件和降水量对花芽分化也有很大影响。雄蕊分化期处于高温季节（旬平均气温在20~30℃），而雌蕊分化是在气温开始下降的9月进行（旬平均气温15.5~17.9℃）。如果雨量充沛，花芽分化就会推迟，干旱年份则会提前。花粉形成是从2月中旬开始，在气温较低的条件下（10~20℃）进行的，当遇到寒流袭击或骤然升温过高（18~20℃）时，会使分化停止，造成花粉败育（见图2-12）。

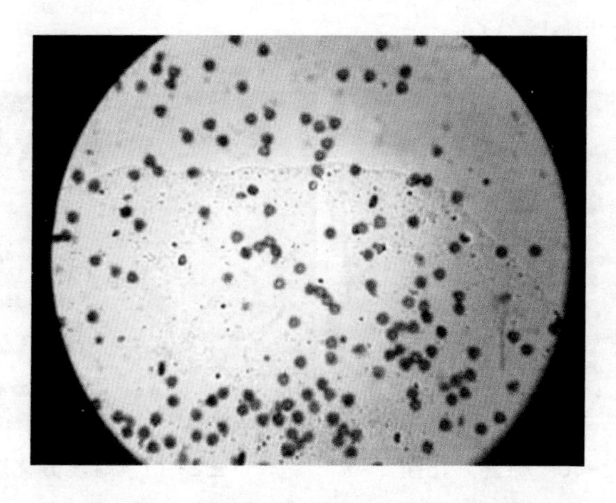

图2-12 彭阳红梅杏花粉活力测定结果

注：红色染色的是有活力的花粉，未染色的是败育花粉

②开花　彭阳红梅杏的花芽为纯花芽，着生于各种结果枝节间基部。按着生方式可分为单花芽和复花芽。单花芽每节只着生1个花芽，多分布于中、长果枝上；复花芽每节着生2个或2个以上的花芽，一般是两个花芽中间夹着一个叶芽。彭阳红

梅杏树一般4月上中旬开花，开花时间早晚也因环境条件而异，不同环境下的开花期差异也较大。即使在同一个环境条件下，各年份也不一致。彭阳红梅杏花开放可分为以下几个阶段（见图2-13）。

A. 花芽萌动期　萼片抱合向上生长（露红）。

B. 花蕾膨大期　花蕾顶端露出白色花瓣（露白），萼片开始分离。

A. 花芽萌动（露红）期

B. 花蕾膨大（露白）期

C. 大蕾期

D. 初开（初花）期

E. 全开（盛花）期

F. 谢花期

图2-13　彭阳红梅杏花开放的不同阶段

C. 大蕾（显蕾）期　花蕾继续膨大，花瓣抱合成气球状。

D. 初开（初花）期　花瓣开始伸展，花蕊、花丝开始伸长。

E. 全开期　萼片平展，花瓣展开，花丝、花柱直立，花药开裂，散粉，柱头粘着花粉。

F. 谢花　柱头变褐，花丝、花柱、花瓣开始凋萎，萼片反折，子房膨大，幼果形成（见图2-13）。

在气候正常的情况下，从花芽萌动到幼果形成需25~30 d，单花期2~3 d，单株花期8~10 d，果枝花期6~8 d，盛花期很短，一般3~5 d。在同一株树上，开花先后顺序为：先是阳面中部，然后是树冠阴面和阳面下部，最后是顶部和枝梢。各类果枝开花先后顺序为：花束状果枝→短果枝→中、长果枝。品种之间花期的早晚与长短有明显差异，开花早的品种一般花期延续时间长，开花晚的品种花期短；杏树的开花受温度影响较大，一般当日平均气温达到10 ℃时，经过10 d 左右即可开花。

③受粉受精　受粉是花粉落在柱头上，并萌发花粉管的过程。当花发育到大蕾期时，柱头已具备了接受花粉的能力，但花开后才进入适宜的授粉时期。花粉在花开放前已在花药内形成双核。一般情况下，当花瓣伸展后，花药即裂开，散出黄色花粉。花全开后，成熟的花粉通过风媒或虫媒传到柱头上，萌发花粉管，完成自然受粉过程。发育良好的柱头，在花开后保持受粉能力一般为3~4 d。此间，柱头表面分泌出透明黏液，花粉落在柱头上即可萌发花粉管。此时若遇到低温或干旱多风天气，柱头会因空气非常干燥而失水过多，在1~2 d内变干、变褐，直至枯萎，缩短受粉时间，失去接受花粉的能力，使坐果率降低。在春天开花时若经常干旱多风时，常会造成受粉不良，导致减产。因此，花期遇到连续干旱天气时，适当喷水，可保持柱头处于新鲜状态，延长其接受花粉的时间，促进受粉的完成。在自然条件下，杏花的受粉是借助于风和昆虫来完成的，杏园养蜂既可增加收入又可帮助受粉。有条件的地方，花期遇到不良天气，也可进行人工辅助受粉。受精过程是由花粉管进入花柱头以后开始的。在许多花粉管中，一般只有1个（极少数有2~3个）花粉管进入子房，其余均在中途停止生长。花粉管在进入子房后，前端破裂并释放出2个精核，其中1个与中心细胞的二倍体次生核相融合，形成三倍体的胚乳核；另外一个精核与卵核相结合，形成合子，完成受精。在适宜天气条件下，由受粉到完成受精，一般需3~4 d时间。受粉受精是坐果结实的基础。

彭阳红梅杏自花受粉不结实或结实率极低，要提高杏子坐果率，配置足够的受粉品种是很重要的。在选择受粉品种时，应选择花粉量大，花粉亲和力强的受粉品种，以提高有效的受粉、受精率。

（4）彭阳红梅杏树果实的生长发育　从盛花期至果实成熟，这一时期为杏果实发育期。彭阳红梅杏果实发育成熟所需时间约为90 d。其果实的发育具有明显的阶段性，大致可分为如下3个时期。

①第一次速长期　从开花后子房膨大开始到果核木质化以前，大约为30 d。该期果实的重量和体积迅速增加，果核也迅速生长到相应大小，果实可增大到为采收时大小的30%~60%。这一时期是决定杏果产量的关键时期。由于果实迅速膨大需要消耗较多的营养物质，如果水肥不足，会使果实个小，且生理落果严重（见图2-14）。

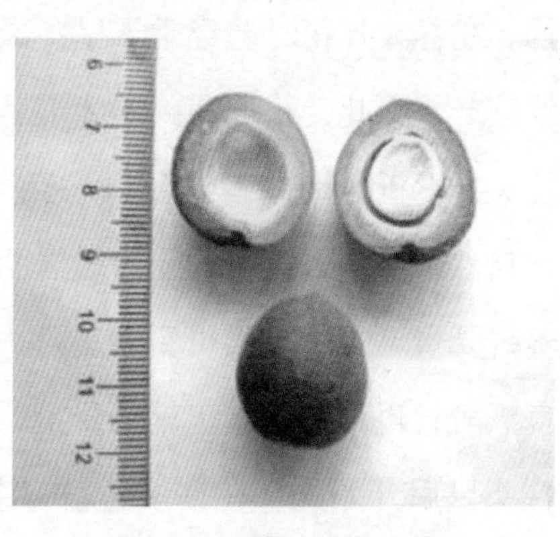

图2-14　第一次速生期

②硬核期　在经过第一阶段迅速生长之后，果实增大变得缓慢或不明显，而核的发育较快，胚乳消失，胚迅速发育，核壳逐渐木质化。时间约为20 d（见图2-15）。

图2-15 硬核期果实

③第二次速长期 这一时期由杏核硬化及胚的发育基本完成到果实成熟采收为止。该期果肉厚度显著增加，横径增长速度大于纵增长速度，时间约40 d。果实发育期的长短也受气候和栽培条件影响，一般低温多雨的天气会延迟果实发育期，干旱尤其是前一年的秋冬和早春的干旱，会直接影响到果实的发育。因此，冬灌和花前浇水是增产的关键措施（见图2-16）。

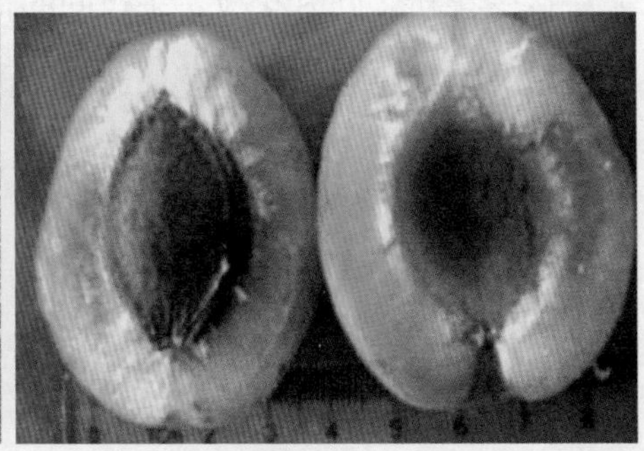

图2-16 第二次速生期

（三）彭阳红梅杏树的落花落果

彭阳红梅杏一般有3次明显的落花落果：第一次发生在开花以后10 d左右，占落果总量的70%~90%。未见子房膨大，花就落了，这次脱落的绝大部分是花器发育不良的不完全花和没有授粉的完全花。第二次发生在坐果1周左右的幼果迅速膨大期。此时，从果枝上脱落的幼果已约有黄豆大小。这是由于新梢旺盛生长时期，新梢的生长与幼果的生长相互竞争养分、水分，造成了营养不良导致的幼果脱落。第三次发生在硬核期。主要是由于干旱缺水、气候及其他不利因素造成了落果。

总之，彭阳红梅杏落花落果对产量的影响也较大。归纳其落花落果的原因主要有以下几点：①由于花器官的败育，形成不完全花致使不能正常受粉受精；②杏园管理水平粗放，树体营养水平低，完全花受粉受精不良；③早春冻害及晚霜危害，使花器官受冻；④花期大风，空气干燥，花器柱头很快枯萎，无法接受花粉，同时花枝、果枝间的机械碰撞可碰落花器官和幼果；⑤杏花为虫媒花，花期遇到阴雨天气，气温下降，蜜蜂等传粉昆虫活动受阻，使得受粉不良；⑥干旱缺水、气候反常等不利因素造成了落果。

二、彭阳红梅杏的生态学特性

生态学特性是指红梅杏同外界环境条件相互作用中所表现出的不同要求和适应能力。如气候、土壤、地形及生物因素等。

红梅杏在长期的生长发育过程中，形成了对环境条件的适应性，特别是耐寒、耐旱、耐瘠薄等特性。研究和掌握其生态学特性，对于杏园的科学管理，具有重要意义。

（一）生长发育对气候的要求

1. 温度

温度是气候因素中最重要的生态因素，对红梅杏的生长发育影响较大。红梅杏一般需要2 500 ℃以上的有效积温，才能保证正常发育。

红梅杏的生物学零度为2.71 ℃，花期有效积温93 ℃，花芽膨大至初花期≥0 ℃的积温为153.65 ℃。每日均气温≥10 ℃连续出现5~6 d，同时最高气温达20 ℃左右时，红梅杏花将开放。红梅杏果实发育至成熟的有效积温为823.35 ℃。红梅杏喜温、耐寒，在休眠期能耐 −25 ~ −30 ℃的低温。红梅杏的不同器官对于温度的反应是不同的，除极度的严寒能使枝条受冻外，一般低温不会使红梅杏的营养器官受冻害。早春气温刚一回升，红梅杏树即开始萌动，在土壤温度达4~5 ℃时新根开始生长，平均气温达到8 ℃以上时开始开花，盛花期适宜的平均气温为11~13 ℃。红梅杏花芽的分化是在高温季节进行的，6月下旬在平均气温达到21.9~22.3 ℃时，开始花芽分化，至9月平均气温下降到15.7~17.4 ℃时，雌蕊即形成。10月下旬至11月气温降至1.9~3.2 ℃时开始进入休眠期。越冬期间，红梅杏花芽的各部分仍在生长，12月至翌年1月，−25 ℃的低温持续几天会导致花芽受冻。解除休眠的花芽在 −10 ~ −15 ℃时就可冻死。虽然临界温度以下的低温对于红梅杏树的生长发育是有害的，但红梅杏树的正常生长和发育又需要一定的低温，没有一定的低温，红梅杏树就不能打破休眠。这个特性是它在原产地经过长期的自然选择与进化形成的，是遗传表现。一般红梅杏树需7.2 ℃以下的低温700~1 000 h。这就限制了红梅杏树在温暖湿热地区的栽培。温度对红梅杏的成熟期和品质也有影响，一般温度较高时，红梅杏成熟期早，且成熟度较一致，品质相应也好；气温低时成熟期则会推迟，品质也会降低。

2. 水分

红梅杏是耐旱树种，它喜欢土壤湿度适中和干燥的气候条件。红梅杏叶片在干旱时能降低蒸腾强度，从而延缓脱水，具有抗脱水性。一般在其他果树不宜栽植的干旱山坡地、沙荒地，红梅杏树也能够正常生长。红梅杏虽然具有较强的抗旱能力，但也需要一定量的水分保证。在降水充沛、分布较均匀的年份，红梅杏树枝条发育好，果实产量高、品质优。红梅杏在年生长周期中，不同时期需水程度不同。从开花至枝条第一次停止生长期内，即4月底至5月初，有少量降水或灌水，可保证枝条的正常生长和花芽提前分化，如果这段时间前期干旱、后期有适量的降水或浇水，将引起枝条的二次生长和花芽分化的推迟。开花期需要多于25 mm 的降水，如果少于此限，将会产生落花和受粉不良。硬核期正是胚迅速发育的时期，其水分状况对红梅杏当年产量影响很大，此期间缺水可导致落果。冬季休眠期需水量则很少，在有条件的地区提倡浇封冻水，时间在封冻之前进行，这样有利于根系发育及第二年春季枝条的生长。春季花芽萌动前浇萌芽水，对开花，坐果和新梢生长都有益，但应注意时间最迟不晚于花芽萌动前10~12 d。红梅杏不耐水湿，积水3 d会导致黄叶、落叶、死根，以致全株死亡。如果土壤黏重且湿度过大（田间持水量超过80%），也会引起根部呼吸困难和吸收困难，导致小根死亡，出现叶片失绿，降低光合作用效率。

3. 光照

红梅杏是喜光性很强的果树。光照对于红梅杏的生长和结果有明显的作用。在光照充足的条件下红梅杏生长发育良好，而光照不足时红梅杏的枝条容易徒长，且不充实。一般红梅杏的树冠内膛由于树冠郁闭，光照不足，枝条生长细弱，花芽分化也不充实，枝条落叶早，短枝易枯死，常造成内膛光秃，结果部位外移。未整形修剪及栽植过密的树尤甚。更重要的是，光照不足会影响红梅杏的花芽分化，导致败育花增多。红梅杏树冠顶部和外围的枝叶受光充足，延长枝和侧枝生长旺盛，叶大而绿，枝条充实。树冠顶部和外围的完全花比下部和内膛多，结果也多；树冠阳面比阴面果实的品质好、产量高。因此，合理的整形修剪，可增加红梅杏内膛枝的光照，防止结果部位外移。若红梅杏的树体受光不匀，则会引起偏冠。如生长在梯田坡地上的红梅杏，一般多向梯田边及反坡向倾斜以争取更多的阳光。因此，在这类地形上建园，要选择阳坡及半阳坡，并避开风口，以免形成偏冠。红梅杏树喜光，但树干在直射光的强烈照射下易发生日灼，进而引起流胶。此种情况在大树高接换优或老树更新复壮后常易发生。可采用树干涂白的方法防止日灼。

4. 风

红梅杏树喜通透性良好的环境，花期微风能散布杏花的芳香，有利于招引昆虫传粉，还可吹走多余湿气，促进受粉受精。但是花期若遇大风，不仅会影响传粉，还会将花瓣、柱头吹干，从而影响受精、降低产量。幼果期若遇大风，会吹落幼果，使枝条受到机械损伤，甚至出现风折。风还可能造成病虫长距离传播，导致病虫害的蔓延。

（二）生长发育对土壤和地势的要求

1. 土壤

土壤的水分、肥力、空气、温度及微生物等条件，都会影响红梅杏的生长和发育。红梅杏树对土壤要求不严格，除易积水的低洼地，地下水位过高的河滩地以外，各种类型的土壤都可栽培，但以土层深厚的肥沃土或排水良好的沙壤土为最好。红梅杏喜欢中性或微碱性的土壤，最适宜的土壤 pH 为7.0~7.5。地下水位高的地方（1.5~2.0 m）不宜栽植红梅杏。

红梅杏对核果类迹地有较敏感反应，在李、桃、樱桃、杏等核果类的果园迹地上重建红梅杏园，常易发生再植病，使红梅杏生长缓慢，发育受阻，甚至幼树死亡，进入结果期也晚。

发生再植病的原因主要是由于残留老根中含有苦杏仁甙，在腐烂分解中产生有毒的氢氰酸，这种化学物质对于新植幼树具有毒害作用。老根产生的其他一些有机物对新植树生长也有不利影响。因此，在建红梅杏园时应尽量避开老的核果类果园迹地，也可在老迹地上种植其他非核果类作物3~4年，使土壤得到改良后再建红梅杏园。

2. 地形、地势

地形、地势影响着光、热、水、风等的分布，从而影响着红梅杏的生长发育，是红梅杏建园选址时必须考虑的重要因子。海拔高度是山地地形变化最明显的因子之一。在一定海拔高度范围内，随着海拔的升高，空气湿度和降水量随之增大，但温度随之降低，风随之增大、土壤变得瘠薄、结构差。在我国北方，杏树除了少部分种植在平地或冲积地外，一般多分布于丘陵或山坡梯田上，在海拔800~1 500 m 的范围内，红梅杏都能正常地开花结果。在海拔1 500 m 左右的高原上，由于多年的风雨侵蚀，植被被破坏，虽然土壤结构及肥力较差、干旱而瘠薄，但红梅杏亦能正常地生长，并能保证一定的产量，比种其他果树经济效益高。在不同的坡向上，因太阳辐射强度和日照时数有别，使不同坡向的水热状况和土壤的理化性质有较大差异。红梅杏喜欢背风向阳的坡地，一般坡向以南向或东南向为好。在背风向阳的坡地上，光照充足、温暖、风害少，有利于红梅杏的生长发育和花芽的分化，能减少冻花冻果，提高果实产量和品质，实现丰产稳产。而在阴坡或半阴坡的风口或迎风面，易遭受寒流及大风的侵袭，且在光照不充足的阴沟及低洼处，冷空气易集聚，形成辐射霜冻，造成严重的冻花、冻果现象。另外，坡位不同，土壤肥力及水、热状况也不同，对红梅杏的生长发育有着不同的影响。从山脊到坡脚，因光照时间逐渐变短，坡面所获得的阳光在不断减少，而坡度渐缓，水分和养分却逐渐增多，整个生境朝着阴暗、湿润的方向发展，土壤也由剥蚀过度逐渐变为堆积，土层加厚，肥力增强。因此，在以水分状况为主要限制因子的干旱半干旱黄土高原地区，红梅杏在中下坡及山麓部分生长要比在山脊、上坡生长好。

第三章　彭阳红梅杏的苗木繁育技术

培育红梅杏苗木，目前生产上主要还是采用先培育实生砧木苗，然后再对其进行品种嫁接繁殖。红梅杏苗木质量的优劣，直接影响到建园栽植的成活率以及建园后的产量高低，进而影响到经济效益。因此，在育苗时一定要严格掌握每个技术环节，才能培育出良种壮苗。

一、苗圃地的选择与整地

1. 苗圃地的选择

红梅杏育苗，水地、旱地均可。旱地育苗以秋播为好，浸种后可直接播种，让种子冬季在地里完成后熟。秋播不需进行种子处理的繁多工序，而且出苗整齐、出苗早。旱地培育出的苗木根系发达、生长充实、适应性强，栽植成活率也较高。一般要求选择地势平坦、土层深厚、比较肥沃的壤土或砂壤土作圃地。苗圃地应尽量靠近建园地点，避免苗木的长途运输。水地育苗，可秋播，也可春播。水地育苗出苗可靠，产苗量高，可以实现当年播种当年嫁接，从而缩短育苗周期。一般应选择土层深厚、土质肥沃疏松的壤土或砂壤土，不宜用土质过于黏重的土壤来育苗。圃地应有充足的光照和排水条件。无论旱地还是水地育苗，都不宜选择种过核果类果树的地块作苗圃，也不宜重茬连作。

2. 整地

旱地育苗多用秋播。在播种前先将圃地深翻1次，然后铺施充分腐熟的农家肥，每亩施肥量在2 500 kg以上，同时亩施辛硫磷1.0~1.5 kg，以消灭金龟子等越冬害虫。施肥、撒药后再经耕翻耙耱，不必作床即可播种。

水地育苗多用春播。在播前的秋季对圃地深耕、撒药，并施足底肥，进行冬灌。每亩施入5% 的辛硫磷颗粒剂0.5~1.0 kg，施充分腐熟的农家肥2 000~4 000 kg，碳酸氢铵15~25 kg 或磷酸二铵、尿素20 kg，过磷酸钙20~30 kg。春季浅耕耙耱后修筑渠道，然后作平床，苗床的大小可根据地形和灌水条件确定，一般做成宽1 m、长10 m、埂高10~15 cm、埂宽20 cm 的苗床。苗床育苗浇水方便，也省水。若水源不足的地区，宜采用小苗床。如果地势平坦、水源十分充足，也可作成宽6 m，长6~8 m 的大床。大床的床埂、步道占地少，可提高土地利用率和单位面积产苗量。

二、砧木种子的采集与处理

1. 砧木树种选择

当前生产中主要用山杏作砧木。山杏具有耐寒、耐旱、耐瘠薄，对各种不同的土壤条件适应性广泛等特点，是红梅杏的优良砧木。虽然它在幼苗期生长较慢，但对提高树体抗性有积极的影响，并能收到一定的矮化效果，适合在条件较差的地方栽培。

2. 种子的采集

作为育苗用的种子，其采种母树应力求类型一致，必须从生长健壮、无病虫害的成年树上采种。采种时间要掌握在果实完全达到了生理成熟和形态成熟时进行，只有完全成熟的种子，才具有较高的生命力和发芽率。未完全成熟的种子，因养分不足，种胚发育不完全，发芽率低，生长势弱。山杏采收期一般在6月下旬至7月中旬。当山杏全树果实90% 以上已经变为黄色，部分果实开始自然开裂、露出杏核时，为最佳采集时间。早采青果，种仁不饱满，种胚发育不完全，发芽率低，生长势弱；采收过晚，果实大量脱落，易遭鼠、兽盗食或被雨水冲失。对因立地条件不同造成成熟期有差异的要分批采收，最好是熟一片采一片，熟一株采一株。采收方法，一般是摇落或用木杆敲打树枝震落果实再收集。

3. 种子的调制、分级和贮存

果实采回后应立即人工剥出杏核。如果量大，可将杏果实堆积在一起，使果肉软化后，放入水中冲洗，去除果肉及杂质，取出杏核。在果实堆积期间，应注意常翻动，防止温度过高造成种子腐烂、霉变，失去生活力。将收取的杏核摊放在阴凉通风处晾晒，不能置于烈日下暴晒。待其充分干燥后，将干燥好的种子再经过风选或筛选、净种，去杂和种粒分级，然后将种子按级别分开贮存于干燥、通风的库房中以作备用。种子在贮存过程中，还要经常检查，防止发热、受潮、霉变及鼠害发生。

4. 种子的处理

杏核壳厚而坚硬，吸水很慢。另外，杏种仁需要在恒湿低温（0~5℃）下经过一段时间的后熟才能发芽。因此，播种前需要进行催芽处理。经过催芽处理的山杏核发芽快、出苗齐。催芽处理的方法常用的有如下几种。

（1）层积催芽　选择通风、背阴、不易积水的地方，挖成宽80~100 cm，深度在地下水位以上（一般80~100 cm），长度随种子的多少而定的沟。将沟底铲平，上铺一层10 cm 厚的细河沙。将要处理的种子浸入清水中，并多次翻搅，捞出上面漂浮的空秕种子和杂质，然后将沉在下面的种子在清水中浸泡3~5 d，每天换一次水。种子浸好后捞出，按种子与沙1∶3的比例混拌均匀。沙的湿度通常为60% 左右，即手握成团，不滴水，手张开时沙团能散开为适宜。最后把种沙混合物放入沟内（也可一层种子上覆一层湿沙，厚度不超过5 cm）。当达到距地表15 cm时，上面用湿沙填平，并培一个高15~20 cm的呈屋脊形的土堆，以防积水。如果处理的种子较多，为防止种子发霉，可在沟内隔一定距离直立几束露出地面的秫秸把，以利通风散热。层积催芽应注意防鼠害，可在沟的四周用细眼铁丝网罩住，或投放毒饵。层积处理的时间在0~5 ℃条件下最少需80~100 d，一般从12月底至第二年3月中旬，在此期间要经常检查，保持河沙的湿度。当大部分（约30%）种核开裂、杏仁露白时即可播种。如果发现尚未到播种日期，种核大部分已过早裂嘴，可将种子移到背阴处，温度保持在5 ℃左右，以减缓发芽。另一种情况是，在播前半个月左右，种子大部分尚未裂嘴。这时可将种子从沟中取出，放在温暖向阳的地方，加快催芽，早晚盖上草帘以利保温、保湿，并注意翻动，直到有30%左右种子裂嘴即可播种（见图3-1）。

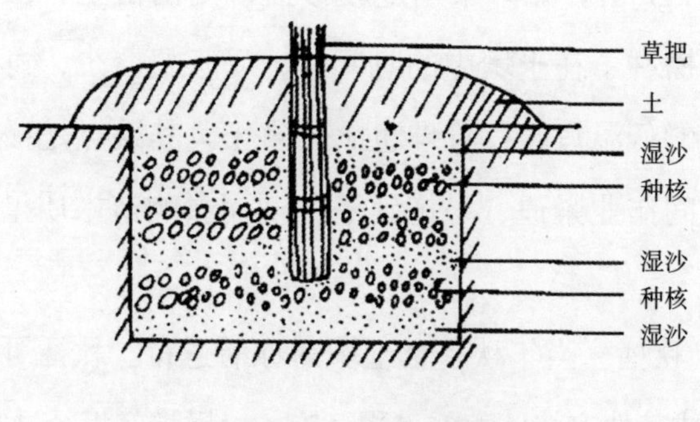

图3-1　层积沙藏

（2）马粪催芽　对冬季未能沙藏的种子，也可于春季进行马粪催芽。即：50 kg 杏核，浸种2昼夜后捞出，与60 kg 生马粪、100 kg 细沙混合均匀，并加水搅拌至手握成团即可，然后培堆成50 cm 厚的堆。经5 d 左右，堆内温度上升到30~33℃，约有30% 杏核裂嘴时，即可播种。

三、播种与砧木苗的培育

1. 播种

播种时间分为春播和秋播。

（1）春播　春播的具体时间应以土壤温度达到种子发芽最低温度的时间为准。北方地区春季土壤解冻后，温度上升很快，在清明节前后用经过层积催芽或其他方法催芽处理的种子，在整好的苗圃地上开沟点播。播种深度5~7 cm，株距5~8 cm，行距20 cm，播后覆土镇压，使种子与土壤紧密接触，播种量50 kg/ 亩。如果采用地膜覆盖，则出苗早、苗木生长更快。春播种子在土壤中的时间短，受害机会少，可减少幼苗出土后的低温危害，管理也比较省工。其缺点是播种时间较短、田间作业紧迫、易拖延播种期而影响苗木质量（见图3−2）。

（2）秋播　当年秋季至土壤封冻前进行。秋播可以省去层积催芽或其他方法催芽的过程。方法：播种前将经过3~5 d 清水浸泡的种子直接播在苗床里。播种深度10 cm，播种后覆土

图3–2 嫁接培育

镇压，并在临封冻前灌1次冻水。秋播的优点是工作时间长，便于劳动力安排，来年春天幼苗出土早且整齐，幼苗健壮，抗性好，成苗率高；缺点是种子在土中存留时间长，鸟兽危害机会较多，出苗早易受晚霜危害，翌年春天土壤易板结或遭风蚀和土压等自然灾害而出苗率较低，用种量稍多。旱地育苗或育苗面积大时，多采用大田带状犁播的方法。即：行距20 cm、带距40~60 cm，俗称“大街小巷”。带状方式育苗，便于嫁接操作。其方法是：用犁浅耕开沟，随机顺沟撒种（3~5 cm 1粒种子），相邻的两犁都撒种，即为20 cm 的行距。然后相隔1~2犁（空犁不撒种）再播种，即为40 cm 或60 cm 的带距。播种后压耱2次，冬季要用石碾子压地保墒。

2. 砧木苗的管理

（1）间苗和补苗　一般播种后15~20 d即可出苗，当幼苗出齐并长到2~3片真叶时，可进行第一次间苗，主要是及早疏除过密拥挤的小苗、弱苗和病态苗。当幼苗长出7~8片真叶、苗高约25 cm时，进行第二次间苗，也叫定苗，主要是去弱留强。水地苗圃株距为9~15 cm，旱地为15~18 cm，每亩留苗1万株左右。结合间苗，要在缺苗断垄处补苗。补苗时，对苗木密度过大的地方，可带土团起苗移植，移植后要浇水并适当遮阴。结合间苗、补苗进行松土除草，促进幼苗生长。

（2）灌水、中耕、除草　幼苗出土后，要及时中耕松土。定苗后随着温度的升高，易出现干旱、多风、降水少的天气，这时应及时灌水，保持土壤湿度。每次灌水后或雨后5~7 d，要及时中耕除草，以防止土壤板结，并提高土壤的抗旱保墒能力。中耕时要浅耕，以防伤及苗木根系。

（3）追肥　定苗以后，5月下旬至6月上旬幼苗进入速生期，若土壤原有的肥力状况不能满足其生长需要而出现缺肥，应及时进行追肥。一般使用腐熟的人粪尿或施用尿素（每亩20~30 kg）或复合肥（每亩15~20 kg）。追肥要结合灌水进行，旱地苗要抓住雨前或雨后追肥。生长后期应少施氮肥，并减少水分供应，以防止贪青徒长、造成苗木不能很好木质化。

（4）摘心促壮　6月下旬至7月上旬，当苗木生长高度达到30 cm时，进行第一次摘心，以抑制高生长，促进加粗生长。摘心可进行2~3次，第二次以后除顶梢外，侧梢也要摘心，并将苗木下部10 cm 内（嫁接部位）的叶子及嫩枝抹掉，以利于嫁接。

（5）防治病虫害　苗期易出现蚜虫、金龟子和卷叶虫危害，要及时防治。防治时结合喷药可进行叶面喷肥。7~8月，当苗木距地面15~20 cm、粗度达0.8~1.0 cm 时，当年可进行嫁接。

四、嫁接与嫁接苗的培育

在砧木苗（或称实生苗）上通过人为的嫁接培育而成的苗木叫做嫁接苗。嫁接苗可保持红梅杏品种的优良性状。

1. 嫁接工具与材料的准备

（1）嫁接工具

①芽接刀　用来削芽片和砧木的刀。

②劈接刀　用来劈开劈接砧木的刀。

③竹签子　插皮接时用来分离韧皮部和木质部，引导接穗下插。

④树剪　用来剪砧木和接穗。

⑤湿毛巾　包住接穗以保湿。

⑥小磨刀石　用于磨嫁接刀。

⑦小水桶（罐） 用来浸泡或盛放接穗。

（2）材料

①塑料薄膜　插皮接、劈接后用来包扎接口。

②塑料膜绑带　用来作芽接或搭接绑缚之用。宽0.5~1.0 cm，长20~30 cm。

③石蜡　用来浸蘸密封接穗（见图3-3）。

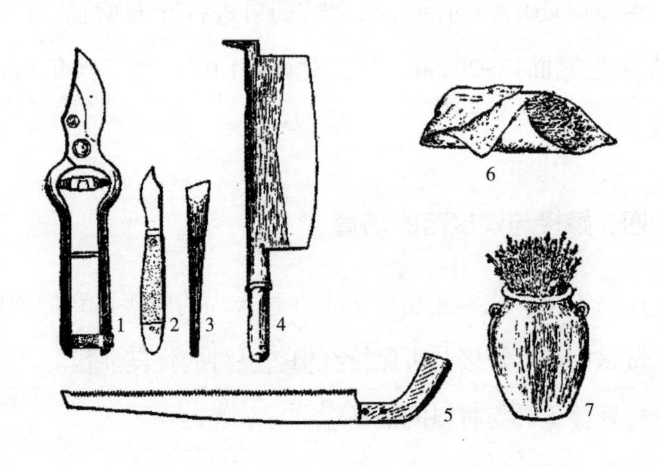

1. 剪枝剪；2. 芽接刀；3. 铅笔刀；4. 劈接刀；
5. 手锯；6. 包接穗的湿布；7. 盛接穗的水罐。

图3-3　嫁接工具

2. 接穗的培养、采集与运输

采集接穗要选择品种优良、纯正，树体健壮、无病虫害，生长结果良好的红梅杏成年树。枝接用的接穗要选生长充实、健壮的1年生发育枝。采集时间由落叶至萌芽前均可以，过晚则芽体萌动，接穗养分被消耗，且易碰伤芽体，影响成活率。采回的接穗要剪截成30~40 cm 的枝段，按品种、粗细分别每50~100根为1捆，挂上标签，放在冷凉的地方（如山洞、地窖），用湿沙（湿度60%）埋藏，贮存备用。贮存期间的温度要保持在0~5 ℃，并注意保湿和通风，以免造成霉烂及接穗萌芽。由落叶后至入冬前采集的接穗，贮存的时间长，如果贮存不好，容易造成接穗失水，影响嫁接成活。为了限制接穗水分的蒸发，保持新鲜，提高嫁接成活率，近些年采用了蜡封接穗方法，即嫁接前将接穗竖立在清水中浸泡6~12 h，浸水深度2 cm 左右，使接穗充分吸水后，再按嫁接时需要的长度剪成小段，将剪好的接穗在90~105 ℃的石蜡熔化液中迅速蘸上薄薄一层石蜡，但动作要快，待蘸蜡冷却后放于阴凉处待用。注意在蘸蜡前应将接穗先用清水冲洗一遍，除去尘土，然后摊开晾干再行蘸蜡，以增加蜡膜的附着力（见图3-4）。

图3-4 栽植前泡苗

春季带木质芽接，要选用生长充实的1年生枝中下部未萌发的饱满芽作接芽。夏秋季芽接的接穗，要选择树冠外围生长充实的当年生枝条。枝条采下后，立即剪去叶片，只留长1.0 cm左右的叶柄，以减少枝条水分的蒸发，留下的叶柄便于检查成活率。接穗以每50~100根为1捆，捆好后挂上标签，用铅笔注明品种和采集日期。若是马上嫁接的接穗，要用湿麻袋包裹或将接穗下端放入冷水中，放置于阴凉潮湿的地方。若是需暂时贮藏的接穗，则应将接穗插入湿沙中盖上潮湿覆盖物，以保持湿度。存放在潮湿、阴凉、温度变化小的地窖、水井中，效果会更好。接穗最好是随用随采，随采随接。落叶后至入冬前采集的接穗，可贮存较长时间。需要长途运输接穗时要将接穗的剪口蘸蜡封闭，各捆中间填上保湿材料（如湿锯末、湿草等），再每10捆或20捆用塑料薄膜卷好（两头不封口），外面再用草袋包装，以免运输过程中失水干枯，运到目的地后应及时入窖贮藏。夏季芽接用的接穗不宜长途运输，短途运输时必须认真包装，将接穗捆成捆，用湿麻袋或湿草帘卷为1包，中途喷水降温，保持湿度。用量较大时，应做到少量多次，分批调运，妥善组织好调运工作，减少中间环节，尽量缩短调运时间。对万一造成轻度失水的接穗，可在嫁接前1~2 d将接穗下端剪出新茬，捆成小捆，将剪口处放入流水中浸泡，使接穗吸足水分后再进行嫁接。

3. 嫁接的时期

由于地区和小气候的不同，各地红梅杏嫁接时期各异。一般春天多采用枝接，在3月上旬至4月下旬进行。个别气候较晚的地区，在5月初进行；春季也可用芽接，因砧木此时容易离皮，嫁接快速、成活率高、生长也快，而且节省接穗。春季芽接的适宜时间是从芽子膨大到展叶前，一般20 d左右。

夏秋多采用芽接，时间从6月下旬至9月上旬。具体时间应根据砧木基部的粗细、接芽发育的情况、工作量来决定。但应注意，在高温季节，芽接后若遇阴雨天气，接口处易发生流胶而愈合不好，成活率显著降低。因此嫁接应避开雨季进行。

4. 嫁接技术

（1）枝接　采用枝条嫁接的方法叫做枝接。根据嫁接形式的不同，把枝接分为劈接、切接、腹接、插皮接、合接等。

①劈接　干径达2~3 cm以上的较粗砧木在不离皮的情况下，可采用此法（见图3–5）。

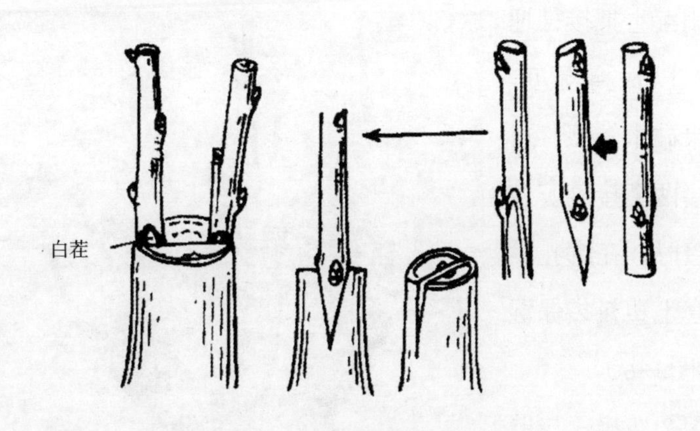

图3–5　劈接

A. 嫁接时间　从春季萌芽期至盛花期均可。

B. 砧木处理　将砧木在距离地面10 cm 左右处剪断，断面宜平，然后沿断面中央纵切4~5 cm 长的切口，再用一竹削的楔子插入劈口中央，将砧木撑开。

C. 削接穗　将接穗剪成带3~4个芽的小段，在基部3~5 cm 处削成对称的两个斜面，呈内薄外厚、上宽下窄的楔形，削面要平整光滑，且与砧木的夹角一致。

D. 穗、砧结合　接穗削好后，随即将接穗插入砧木切口内。

要注意使接穗厚边向外，两者形成层对准，砧木上部留0.3~0.5 cm 的白茬，称为露白。露白的作用是使其形成愈伤组织。

E. 绑扎埋土　接好后立即将楔子拔出，用塑料条捆扎紧，并用湿土把接穗埋严，以保持湿度。如果砧木较粗，可以接两个接穗。若高接时，在绑扎后可套上塑料袋保湿（见图3–6）。

图3–6　高接生长

②切接　与劈接法相似，只是砧木上的接口切位不在当中，而是在靠近外边约1/3处。该法操

作简便、成活率高，适于径粗1 cm 左右的砧木（见图3–7）。

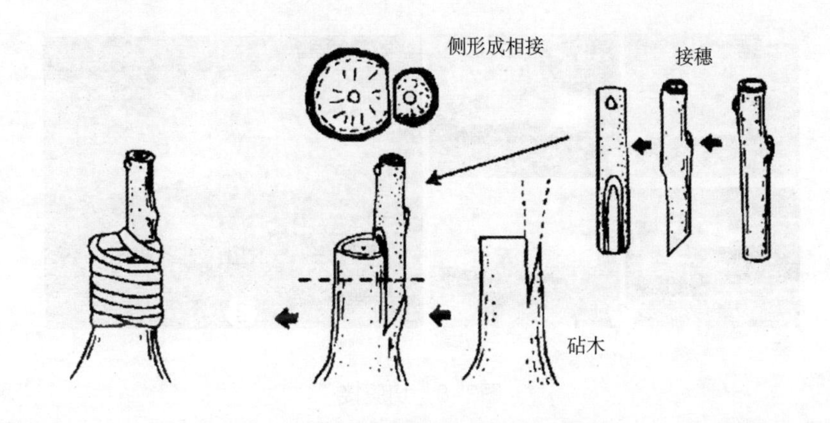

图3–7 切接

A. 嫁接时间 早春萌芽前，只要接穗不萌发，时间还可再延长。

B. 削接穗 接穗带3~5个芽。先在接穗下端削成3 cm 左右长的大削面，再在大削面的背面削成长0.6 cm 左右的短削面。

C. 砧木处理 在距地面10 cm 左右处剪断砧木，削平剪截面，然后在剪截面靠近边缘约1/3处垂直向下切，其长宽与接穗的大削面相近。

D. 插穗、绑扎 将削好的接穗插入切口内，对准形成层，再把砧木的皮包于接穗的外边，用塑料条将伤口缠紧、封严。

③切腹接 又叫鸭嘴接。该方法仅用一把剪刀，既剪砧木又剪接穗，操作简便、嫁接速度快、成活率高，是目前杏生产

中推广的高效嫁接法，适用于粗在0.6 cm 以上的砧木（见图3-8）。

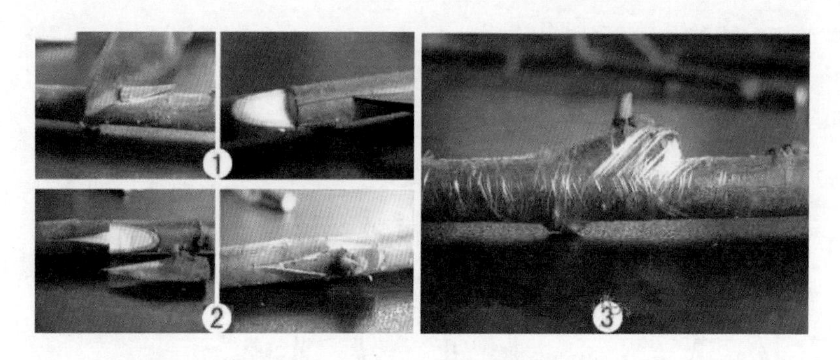

图3-8　切腹接

A. 嫁接时间　春季树液活动至砧木萌芽。

B. 砧木处理　在砧木上距地面5~10 cm 处，选光滑部位倾斜剪截，斜度为与直立约呈30°。在砧截面顶部斜剪一鸭嘴口，该剪口倾斜度为与直立约成15°，剪口深达砧木直径的1/3~2/5。

C. 剪接穗　用剪刀在接穗顶芽同侧的下端先剪长3 cm 的大斜面，大斜面的对面再剪1个小斜面，两斜面夹棱处稍厚成楔形。接穗剪成后，以其上有2~3个饱满芽为宜。

D. 插穗绑扎　随剪刀从砧木切口中的抽出而插入接穗，使砧木和接穗形成层对准吻合，并接穗的削面外露0.2~0.3 cm，最后塑料条自上而下捆紧、绑严。

④插皮接　砧木较粗时采用插皮接。多用于高接换头及砧

木粗在2 cm 以上的山杏幼树改接（见图3–9）。

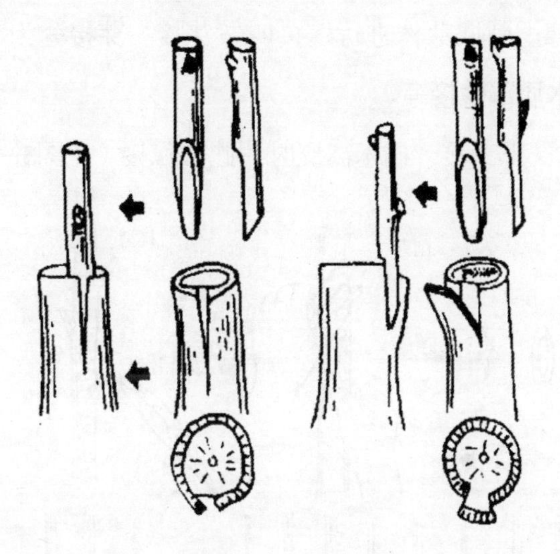

图3–9　插皮接

A. 嫁接时间　以花芽萌动露红至落花这段时间最好，过早砧木不易起皮。

B. 砧木处理　在砧木上距地面8~12 cm 的皮层光滑处剪断，削平剪口。

C. 削接穗　剪取有2~3个饱满芽的接穗段，在穗段基部留芽的对面削3.0 cm 长的长削面，在长削面的背面再削1 cm 长的短削面。削面呈一长一短的楔形。

D. 结合绑扎　在砧木嫁接处的韧皮部和木质部之间竖划一刀，撬开皮层，将长削面向里，把接穗轻轻插入皮层内，直到长削面上端稍露白为止。然后外用塑料条绑扎严实。

（2）芽接

从接穗上削取芽体进行嫁接叫做芽接。芽接分为“T”形芽接、带木质部芽接等。

①“T”形芽接　砧木离皮时用此法嫁接（见图3-10）。

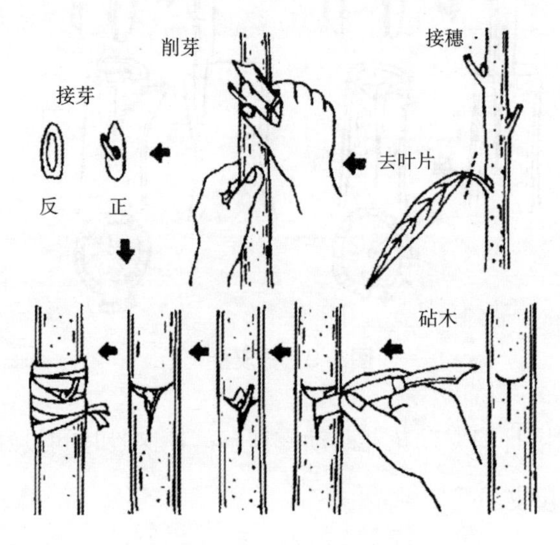

图3-10　“T”形芽接

A. 嫁接时间　从6月至9月均可进行。应避开阴雨天，以免流胶，影响成活。

B. 削取芽片　在芽的上方0.5~1.0 cm 处横切一刀，深达木质部，然后在芽的下方约1 cm 处自下而上斜削一刀，与前一刀相交，取下芽片。一般芽片长约2.0 cm，呈盾形，接芽在芽片上居中或略偏上。

C. 砧木处理　在砧木上距地面5~10 cm 的范围内，选光滑无伤痕的部位，用芽接刀切一“T”形切口，然后用刀略将“T”形切口的上方撬开，以便插入芽片。

D. 插芽片与包扎　将芽片的尖端朝下，插入“T”形切口之内，使芽片的上端与“T”形切口的横切口对齐，再用砧木切口上撬开的皮层夹住芽片。最后用塑料条从上向下捆缚，露出叶柄及芽。

②嵌芽接　当砧木和接穗均不离皮时，可采用此法（见图3–11）。

图3–11　嵌芽接

A. 嫁接时间　实践证明，杏苗嵌芽接时木质宜硬化但不能老化。以前人们常说杏树嵌芽接从6~9月全能嫁接，这种说法错误，9月杏的砧、穗木质进入老化，嫁接成活率极低（一般仅15% 左右）。杏嵌芽接以砧、穗木质在硬化时为最佳嫁接时期，一般从6月下旬至7月底为宜。

B. 削取芽片　将接穗倒拿，在芽的上方3~5 mm 处向下斜切一刀，深达芽下1~2 mm，长度超过芽体1 cm左右；然后在芽的下部横切一刀，刀口深至第一刀的斜面，取下接芽。

C. 砧木处理　砧木距地面5~10 cm处斜向下削一刀，削面与芽片长相当，在刀口1/2处再横向切一刀，取下一小段带木质部的砧皮。

D. 接芽绑扎　将削好的芽片迅速插入砧木切口内，使其边缘与砧木切口对齐吻合，用塑料条绑扎严实。

5. 嫁接苗的抚育管理

（1）检查成活与补接　夏秋季芽接10 d左右即可检查成活情况。凡接芽新鲜、叶柄一碰即掉的为成活芽，否则未活。对没有成活的应及早补接。

（2）培土防寒　红梅杏比较耐寒，但在特别寒冷和干旱地区的冬季，为了防止冻芽，应防寒。方法：在大寒之前灌封冻水1次，水渗后培土，培土高出接芽10 cm以上，并培严实，不留空隙。待春季化冻后再扒开防寒土。

（3）剪砧　春季芽接成活后，随即剪去接芽以上的砧木。夏秋季芽接的半成品苗，在翌年春季萌芽前剪砧，以利接芽萌发和生长。剪口应在接芽上部1 cm左右处。剪口桩不可留得过长，否则会使苗干弯曲；留得太短，容易伤害接芽伤口，特别是在春天干旱多风的地区，要适当留长些。

（4）解除捆绑物　春季采用枝接和芽接方法嫁接的，经检查成活后，要及时解除捆绑的塑料条，以免使加粗生长受到影响、塑料条陷入皮层。夏秋季芽接成活的苗木，当年不需急于解绑，可以利用其保护芽片过冬，待第二年春萌发后再行解除。解绑时注意不要伤及苗木。

（5）抹芽、除萌　嫁接成活后，砧木容易发生分蘖，要及时抹除砧木上的萌芽，使根系输送的营养物质能有效地供给接芽或接穗的生长。对接穗或接芽产生的分枝，应选其中粗壮旺盛的作主枝，疏除侧枝。

（6）设支柱　春季北方风大，嫁接苗木生长迅速，容易发生风折。为防风折，可于新梢生长到20~30 cm时，在苗旁插立支柱，并将新梢绑在支柱上，绑的要松。

（7）土肥水管理　春季干旱，雨水缺乏，要及时灌水、松土、除草。夏秋季雨水集中，要注意排水。嫁接苗生长期，可结合灌水每亩追施氮肥10 kg或叶面喷施尿素。在生长后期，要减少氮肥施用量，可在根外追施磷酸二氢钾，促进枝条木质化，使组织充实。

（8）病虫害防治　春季萌发的嫩枝、嫩叶，容易遭受金龟子、象鼻虫和卷叶虫等危害，均应及早防治。

（9）圃地定干　嫁接苗生长至8月下旬至9月上旬时，在距地面50~60 cm处定干。苗圃定干，可使苗木剪口在水肥条件较好的苗圃地内愈合，从而避免了在大田栽植后春季定干时，剪口部位易被风抽干、影响栽植成活率（见图3-12）。

图3-12　红梅杏嫁接苗

五、苗木出圃、分级、假植、包装和运输

1. 苗木出圃

（1）出圃前的准备　杏苗木一般2年出圃（即2年根1年干）。出圃前要对苗木进行调查和统计，分清品种、数量，根据用苗单位要求，制定出圃计划，做好起苗和运输安排。起苗前7~10 d应先灌一次透水，使土壤完全湿透，以尽量保护苗木根系少受损伤，隔2~3 d再起苗。准备好镢头、长铁锹等起苗工具和捆绑用绳子、标签等材料。

（2）起苗时间　根据不同条件，可在秋季和春季起苗。秋季起苗多在10月下旬至11月上旬，即新梢停止生长并已木质化、开始落叶时进行。春季起苗，一般在土壤解冻后至苗木萌芽前进行。

（3）起苗要求　起苗深度25 cm，起苗时应做到少伤根、防止碰伤苗木；做到随起、随分级、随埋根。即：按质量标准分级，剔除不合格苗木，就地分选的苗木随时用土将苗根埋严，以防风吹日晒。

（4）起苗方法　起苗时先在苗木行间开挖深25~30 cm 的沟，再按顺序切断主、侧根，然后将苗木挖出，切忌生拉硬拽、伤及大根。

2. 苗木分级

苗木挖出后，要在圃地内及时进行分级（见表3-1）。分级后，按不同品种、级别系上标签，并及时栽植、假植或包装调运，防止苗木风干脱水。

表 3-1　杏嫁接苗分级

项目 一级		等　级	
		一级	二级
根系	主根长 /cm	25	20
	侧根数 /cm	4	3
	侧根长 /cm	20	15
	侧根粗 /cm	0.4	0.3
茎干	高度 /cm	100	80
	粗度 /cm	0.8	0.7
	整形带饱满芽 / 个	5~8	5
其他	接口愈合程度	70%	60%
	机械损伤	无	无
	检疫对象	无	无

3. 苗木假植

（1）圃地假植　对在圃地已起出而还未及时运走的苗木，可在圃地暂时假植。方法：挖深50~80 cm、宽100~150 cm 的沟，将分级后的苗木倾斜疏散排列于植沟内，埋严踏实并喷水。

（2）越冬假植　秋季起出的苗木，若当年秋季不能栽植，或当年秋季购来准备第二年春季栽植的苗木，都必须在土壤封冻以前进行越冬假植。方法：选择避风干燥、平坦、排水良好的地方挖一条假植沟。沟宽1.0~1.5 m、深0.8~1.2 m、长度随苗木数量而定。沟底先铺一层10~15 cm 厚的湿河沙，将苗木根受伤部剪出新茬，将苗根放于清水中浸泡12 h，使其吸足水，然后将苗木倾斜45°、单层疏散排列于假植沟内。每放一层苗木培一层湿土，湿土要至少埋至苗木4/5处，每隔1 m 埋一个草把透气。根系之间多培些湿土，在苗木之间不要留有空隙。若土过干时，可适当喷水。翌年春定植时，需一层一层慢慢挖出，不得损伤苗木，然后将苗木根系剪出新茬，置于清水中浸泡12 h 或蘸保剂、泥浆等栽植（见图3−13）。

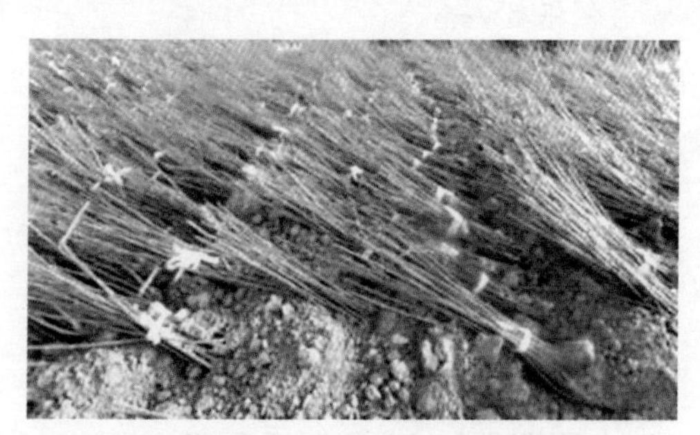

图3−13　红梅杏苗木圃地假植

4. 苗木包装与运输

凡外运苗木可按不同要求从接口上40~60 cm剪去上端枝梢，剪口蜡封或涂油漆保护，减少运苗负载量。苗木按50~100株捆成一捆，上下捆扎两道，然后将根系置于混合有保水剂的泥浆中蘸根。有条件者，可用0.7 mm厚的塑料薄膜筒，将苗干及根系全部包严。每捆均应注明品种、数量、等级、出圃日期、产地、收苗地点和单位等事项。装车时，用大篷布铺在车箱底部及四周，将苗木整车包严。外运苗木启程前，必须经当地植物检疫部门检疫，确认无检疫对象时，开具检疫证方可外运。

第四章　彭阳红梅杏的建园栽植技术

一、成品苗建园

（一）园址选择

红梅杏喜光照、根系深、耐干旱、抗瘠薄，具有很强的适应性，无论平地、山地、沙荒地均可栽植。但是，为了确保红梅杏的丰产稳产，在建园时首先应对地形、地势、土壤加以选择，并对红梅杏园做出合理规划。红梅杏园址的选择对保证树体良好的生长、减少花果冻害和优质丰产有着十分重要的作用。红梅杏园址选择一般应遵循以下四个原则。

一是为避免寒流和花期霜冻，应避开风口建园。即：宜选择坡度在25°以下，土层深厚，土质疏松，背风向阳的阳坡或半阳坡，有灌溉条件更好。

二是要避免重茬。即：在栽植过核果类果树，如桃、杏、李、樱桃等的地方，不宜栽植杏。

三是应避开容易聚集冷空气形成辐射霜冻的低洼、沟谷川地建园。山顶的海拔较高，温度变化剧烈、风大，也不宜建杏园。

四是建园时，还应考虑交通情况，肥料农药的运输和杏果采收的方便程度。园址要尽量达到就近方便，一般应尽量选择在距离村庄、公路较近的地方。

（二）整地

山地红梅杏建园最大的威胁是干旱缺水。由于水土流失形成冲刷，使土壤变得瘠薄，根系裸露，树势削弱。因此，整地和修筑水土保持工程，对改善土壤理化性质、拦蓄地表径流、增强土壤肥力、提高栽植成活率和促进树体良好生长都有十分重要的意义。目前生产上推广的整地方法主要有以下几种。

1. 反坡梯田整地

栽植前一年，在垂直于等高线的方向每隔5 m，沿等高线里切外垫，修成宽1.5~2.0 m、呈里低外高的反坡梯田。上下反坡之间的坡面应种草或灌木，以利于减轻水土流失，并为杏园覆草作前期准备。

2. 修筑水平梯田

在坡度较缓的地方，可以用人力或推土机，修成宽10~15 m的水平梯田。梯田长短根据地形而定，梯田内可实行林粮间作，套种低秆作物如洋芋、荞麦、豆类等。

3. 鱼鳞坑整地

在坡度较陡（> 25°）、坡面又不平整地段，可实行鱼鳞坑整地。方法：根据地形，沿等高线挖成半圆形坑，用心土垒成外埂踩实，埂高30~40 cm，坑深60~80 cm，回填后整成稍向里倾斜的小平面，上下行距2.5~3.0 m，株距2 m。在鱼鳞坑上部两侧，沿坡面向上挖成深20 cm 左右的雁翅形集水沟，便于收集坡面降水。

4. 穴状整地

适用于较平缓的坡地、台地。根据栽植密度确定定植点，在定植点挖坑，一般坑的直径为70~80 cm，深50 cm，表土回填坑下部（见图4-1）。

图4-1　机械整地

（三）栽植技术

1. 栽植时期

红梅杏一般春、秋季均可栽植。但北方无灌溉条件的地区，提倡采用秋植。由于北方春季干旱，秋冬季降水较多，秋季栽植后土壤水分含量高，最容易成活，来年春季缓苗时间短，很快就能开始生长，而且秋季又是农闲时间，可充分利用劳力。另外，春季栽植的苗木，在秋季掘苗后必须假植，掌握不好，易造成栽植成活率降低，故应积极提倡秋季栽植。秋季栽后，应注意做好越冬的埋土防寒工作，以免出现抽干现象。

2. 品种选择及授粉品种配置

红梅杏自花结实率低，这是低产的重要原因之一。因此，需配置授粉品种。

（1）品种选择　红梅杏与其他杏品种间还存在着杂交亲合性问题，并非随便哪个品种与红梅杏间都能授粉结果，这也是建园对选配授粉品种应当考虑的问题。优良的授粉品种应具备如下条件：同红梅杏品种有良好的杂交亲和性；杂交结实率大于15%；花粉量大、生活力强；与主栽品种花期一致；自身的果实也有相当的经济价值。

（2）授粉品种的栽植　红梅杏品种与授粉品种的配置比例应在8：1~4：1，授粉树与红梅杏品种的距离以不远于10 m为宜。在栽植时，可隔行，也可隔株栽植授粉树。为提高授粉效果，应尽量选用三原曹杏、骆驼黄、红玉杏、银香白等可以与红梅杏相互授粉结实的品种建园。

3. 栽植技术

（1）栽植密度　红梅杏栽植密度，要根据立地条件、土壤肥力、管理水平等综合因素来确定。一般原则是，在地势较为平坦、土层较深厚、疏松、土壤肥沃等立地条件较好的地方，应当稀植。因为在良好的条件下，单株生长发育比较茂盛，株间容易及早郁闭。在沙荒地和山地上，由于土壤干旱贫瘠，树体发育较小，栽植密度可以大一些。试验表明，在肥水条件和技术水平中等的地方，红梅杏采用3 m × 4 m 的株行距，以亩栽55株为宜；而在肥水条件较差的坡地或荒沙地，可采用2 m × 4 m 的株行距，以亩栽83株左右为宜。但在杏园投产后，需加强肥水管理。

（2）栽植方式　杏常用的栽植方式，有长方形栽植、正方形栽植、三角形栽植。

①长方形栽植　即大行距、小株距，株行距平行栽植法。这种栽植方式，有利于通风透光、耕作管理。

②正方形栽植　株行距相等的栽植方式。优点是光照充足、便于管理；缺点是无法密植。

③三角形栽植　相邻两株相间错开，使各植株间呈三角形的栽植方式。优点是有利于充分利用光能，且在单位面积上可增加10% 以上的株数；缺点是不利于耕作管理。

（3）栽植方法　按园地所处的地形地貌、气候及灌溉条件的不同，栽植方法分为常规法和抗旱防寒栽植法。

①常规栽植法　在地势平坦、有灌溉条件或年降水量在500 mm 以上。冬季不太寒冷的地区，可采用常规栽植法。该方法省工、投入少、操作方便。

A. 挖定植坑　按照设计要求和测出的定植点挖坑，坑以定植点为中心，挖成圆形或方形，大小为1 m × 1 m × 0.8 m。挖坑时，将表土和底土分开堆放，把所有碰到的石块全部挖出，换土回填。回填时，先在坑底部放入20~30 cm厚的秸秆或杂草落叶等，然后回填表土，填至一半深时，将挖出的底土与杂肥混合填入，填至距地面约30 cm时，将坑内踏实或灌水，使土沉实，再覆一层干土，栽植时回填余下的部分。定植坑最好提前挖出，如秋栽夏挖，春栽秋挖，以使坑底土壤能充分熟化，蓄积雨水，有利于苗木根系的生长。

B. 苗木处理　栽植必须使用品种纯正、来源可靠、无病虫害、生长健壮的合格红梅杏苗木。栽前先将苗木分级，剔除不合格的劣苗，选用一、二级壮苗，然后修剪根系，剪除破损、腐烂根。如根系有劈裂现象，应剪出新茬。一般将粗根剪成平茬，以利愈合。本地苗木，最好随起苗随栽植；外地调运来的苗木及经过假植的苗木，栽前“浸根蘸浆”，即将嫁接口处的塑料条解除，然后用清水浸泡1 d左右，再用磷肥泥浆浸根，或将苗木放入50 mg/kg的ABT生根粉溶液浸根12 h后再栽植。

C. 栽植　按品种栽植计划，将处理好的苗木分别放于定植坑内。苗木嫁接口面向迎风方向，并使苗木根系舒展，横竖成行，然后用表土将根系埋住，边填土边稍向上轻提苗木，使土与根密切接触，最后踏实。定植深度，以苗木原来的根颈与地面齐为准。覆土深浅要适宜，使苗木根颈部位略高于地面大约

5 cm。这样，待浇水后苗木下沉，根颈正好与地面持平。栽后应立即灌水，不可延误1 d 以上。浇透水后，在四周培土刨平。

D. 定干　苗木栽植后，要及时定干。定干是按一定高度剪定苗干，目的是为了减少蒸发、节省养分、刺激萌芽、提高成活率。定干也能使树干高度整齐一致，便于后期管理。定干高度一般为60~80 cm，不可过低，定干时剪口芽选留在迎风面，剪口下留20~30 cm 的整形带，整形带内须留5个以上的饱满芽。剪口在芽上方留桩1 cm 左右，以防止剪口芽被抽干。

②抗旱防寒栽植法　在年降水少于500 mm，冬季严寒、春旱严重，且无灌水条件或灌溉条件差的园地，如北方旱区的山地杏园等，可采用抗旱防寒栽植法。该方法虽然操作较为复杂，且增加了投入，但能保证旱地杏园栽植成活率达到90% 以上。抗旱防寒栽植法的技术操作过程为：苗木浸根蘸浆→挖坑栽植→树盘覆膜→培土套袋→去袋放苗→埋干防寒→去土放苗→平茬封埋→发芽出土。

A. 浸根蘸浆与挖坑栽植　该方法中的“浸根蘸浆、挖坑栽植”与常规栽植法相同。但在栽后的苗木处理上，增加了保墒防寒措施。

B. 树盘覆膜　将树盘整平，以树干为中心，用地膜覆盖整个坑面，膜边缘用土压实，以防大风吹起。最好在薄膜上再盖层薄土，避免长时间日晒，使地膜老化破损（见图4–2）。同时，要在树干周围处戳几个小孔，以利雨水下渗及散热通气。地膜

图4-2 覆膜套袋栽植

覆盖方法有单株覆盖和成行覆盖两种。对密度大的杏园，可成行连株覆盖；中等密度以下的杏园，可采用单株覆盖。栽后覆膜，对提高地温、保持土壤水分、提高苗木成活率和缩短缓苗时间、加速苗木生长均有好处。

C. 培土套袋　为了稳定树干，在栽植定干后，于土壤封冻前，在苗干基部培20~30 cm 的土堆。定干培土后，将苗干从上端套上直径为4~5 cm 塑料筒，并把上下及中部扎紧，下口埋入水。

D. 去袋放苗　春季待苗木发芽后，根据气温高低和芽子生长情况，适时解开套袋上口放风，以免袋内温度过高，灼伤嫩梢。直至芽子长到3~4 cm，于阴天傍晚将袋拆除。

E. 埋干防寒　苗木栽植定干后，也可不套袋，而是采用

“埋干防寒”措施，以提高成活率。方法：先在苗木基部培20 cm左右的土，再将苗木沿顺风向缓缓压倒，全部埋入土中，土在苗干上的覆盖厚度不应小于20 cm。

F. 去土放苗　对于采用埋干防寒法栽植的苗木，来年春要去土放苗。即在春季萌芽后，分三次扒去土堆放苗。放苗要顺着苗干，按梢部、中上部、中下部的顺序分次进行，切忌一次放完而导致死亡。放苗最好在阴天或雨后进行。

G. 平茬封埋　若所选用的苗木较小，不够定干高度，也可采用平茬封埋栽植法。此法优点：省工、方便；缺点：减去了苗干上部，使结果推后一年。该法的具体操作过程为：栽植后在距苗干根部20 cm处平茬，茬口下保留2~3个饱满芽，并在苗干周围培成土堆，培土厚度应超过苗干顶端20 cm。此法，苗干可保持直立不弯倒，第二年春季不必扒防寒土，苗木发芽后，会从土堆中自然顶出来，等进入雨季前，再将土堆扒开即可。

（四）栽植成活后的管理

（1）施肥灌水　进入5月，当幼树抽生出8 cm以上新梢时，应及时追施速效氮肥，每株施尿素30~50 g，施后灌水。生长旺季，可叶面喷施0.2%~0.3%的磷酸二氢钾或2%~3%的过磷酸钙浸出液，每半个月喷一次，喷洒重点是叶片背面。6月中下旬，树下覆20 cm厚的秸秆，既可保墒又能防杂草，有利无害。9~10月，应控制后期生长，促进枝条充实，以利安全越冬。主要措施是控制肥水，防治病虫害，保护叶片完整、适期脱落。

（2）除草保墒　苗木展叶后，将苗干茎部土堆扒开，作成树盘，促进苗木生长发育。进入雨季之前。要修整梯田面和树盘，以积聚雨水。及时中耕除草，春季松土可提高地温，夏季除草覆盖于树盘，可减少土壤养分消耗，增加土壤有机质。

（3）防治病虫害　发现蚜虫、卷叶虫、红蜘蛛和天幕毛虫，应及时防治。可选择的农药有20%的杀灭菊酯乳油3000倍液、70%吡虫啉水分散粒剂1000倍液或15%哒螨酮乳油2000倍液。

二、直播建园

直播建园，就是将砧木种子直接播种在定植地内，培育出山杏实生苗后，再改接成品种的建园方法。这种方法的优点：省去了苗圃地的育苗程序；砧木苗不再移植、根系强大，尤其是垂直根系发达，适应性强；有较强的抗旱、抗寒能力，适宜在干旱山区、平原、沙区少水的地方建园应用；树体生长健壮，成活率高，省水省工、资金投入少；可以自行选择品种组合，嫁接适宜品种，免受苗商伪、劣、假苗之害。缺点：由于常需补种、补栽、补接，会造成园貌不整齐。为此，应注意精选饱满、充实、发芽率高的种子，且直播时每穴可播3~4粒种子，以保证出苗，实现一次全苗。直播建园应注意以下几个问题。

（1）播种时间春秋季均可，但春播的种子必须经过层积催芽处理，待露白后方可播种，否则出苗不齐。秋播种子不经沙藏处理，但要先用清水浸泡3~5 d，每天换一次清水，待杏核吸饱水分之后再播种。

（2）播种方法是先在定植点挖一小坑，每坑播3~4粒处理好的种子，并使种子分散摆放，以利间苗和移苗补栽，播种深度以5~7 cm 为宜，播后踏实，上覆一层干土。

（3）为防止老鼠刨吃种核，可在播种穴上撒入一层毒土（如辛硫磷）然后再播种。

（4）第二年春季幼苗出土后，苗高达到10~15 cm 时，每穴选一壮苗留下，其余拔除或用以移苗补栽缺苗穴。同时作好松土、除草、保墒、防治病虫害等工作。尤其是要消灭危害幼苗的金龟子等害虫。

（5）进入雨季，要追施1~2次化肥。苗高30 cm 时，进行摘心和抹芽，促进幼苗加粗生长，苗木根颈部位达0.8~1.0 cm 时，即可进行嫁接。嫁接方法采用切腹接或嵌芽接均可。也可培养成2~3年生大坐地苗，再高接成选定的优良品种。

三、现有山杏的改接建园

我国北方地区的广大丘陵山区，生长着较大面积的野生山杏，是北方主要的野生资源树种，对它们有选择、有针对性地加以改接利用，是开发山区杏产业行之有效的好方法。山杏改造具有建园快、长势旺、早丰产的优点。

（一）选地选树

1. 地块的选择

并非所有分布于山区的山杏都适宜改造，对生长在坡度较陡、土层较薄、树龄大且衰老的山杏树及成灌木状生长的山杏树，都不宜改接。否则，既破坏了生态环境，又产生不了经济效益。改接地块应选择坡度在20° 以下，植被条件较好，土层深厚、不易霜冻的阳坡、半阳坡；选择的地块应交通较便利，以便于加强管理及方便果实的采收、运输。

2. 改接山杏树的选择

野生山杏树，树龄参差不齐、树势有强有弱。过老和生长衰弱的山杏树，改接后伤口愈合很慢，易遭病虫害和风折，得不到应有的效果。因此，在山杏树的选择上，要坚持“宜小不宜老、宜强不宜弱”的原则，应尽量选择生长势较旺盛的杏树进行改接。对衰弱的杏树，也可先通过修剪、施肥等措施，使其复壮后再行改接。改接前，先按一定的株行距定点，一般行距3~4 m，株距2~3 m，然后在定点附近挑选生长健壮、无病虫害、便于嫁接操作的山杏树留下，再将其余杏树、杂木伐除，并割除灌木、杂草。选留密度，因立地条件和改接品种而异，土层深厚留稀些；土层较薄留密些。

（二）改接前的环境改造

野生山杏，生长环境一般都较恶劣。特别是土壤条件，既干旱又瘠薄，杂草丛生，土壤中的水分、养分都满足不了杏树生长的需要。因此，在改接以前，对山杏树的生长环境进行改造，是十分必要的。环境条件的改造，可以和山区小流域治理、水土保持工程结合起来搞，主要是根据不同的地形、地势，进行不同形式的土壤治理。

1. 修造水平梯田

在坡度较平缓、土层较深厚的坡地，山杏树一般生长比较集中成片，可以修成一块块的水平梯田。梯田的大小不求一致，可根据坡向、坡度、坡长以及整个缓坡面积的大小，整成若干块。首先在每块梯田的外侧，即坡的下方，用土或石块砌成底宽为50~80 cm，高为50 cm 的地埂，将上坡的土填到低洼处；然后深翻整平土地。梯田内的山杏树如果拥挤，可以去弱留强，使株间留有一定的距离。

2. 开挖等高撩壕

在一些较陡的山坡上，土层一般较薄，土中石块多，保水性差。可沿等高线，开成1.0~1.5 m 宽、0.8~1.0 m 深的壕沟，由山坡的下部到上部，一层一层地挖，上一壕沟的表土及杂草填入下边壕沟的底部，壕沟心土和石块堆在壕的外沿，部分心土放在下沟的表面。要嫁接的山杏树留在壕内，挖土时要注意避免或少伤树根。

3. 围树盘

由于地势复杂、野生山杏不集中连片而呈散生状，株间相距较大，又不便于整成大块地，应因地因树逐棵合理处理。若树下面没有坡度，就可以在树干周围，用土或小石块围成方形或圆形的树盘，树盘的大小略比树冠四周大一些。在树盘内深翻土壤，并拣出石块。有的树下地面坡度较大，几乎存不住地面流水，一般用石块砌成树盘，大小与树冠外围差不多，高度要高于树干地面位置，里面铲高填低。土不够时，用旁边地面土填平。

（三）改接技术

山杏的改接成败，关键在于对改接时期、改接部位、改接方法和接后管理等几个关键技术环节的掌握。

1. 改接时间

改接一般在春季进行，从杏树花芽萌动一直到花期都可以，大约一个月时间。改接不宜过早，因为在树液没有流动、树枝不离皮时，即使接上，也会由于接穗不能及时得到树干内水分的供给，加上因空气干燥、多风易导致失水等原因，降低成活率。但也不宜过晚，因为在花谢后，叶芽萌发，发枝迅速，树体内的水分、养分损失太大。最适宜的时间段，是在花期10~15 d。这时，因为气温、地温回升快，树液充分流动，有时，日最高温度可达30 ℃，这种适宜的温、湿度可以保证较高的嫁接成活率。

2. 嫁接部位

嫁接部位的选定是嫁接过程中特别注意的问题。改接按树龄的不同，分为低位嫁接和高位嫁接两种，对3~4年生的杏树，树体结构正在形成，可从主干基部距地面30~50 cm 处实施嫁接，叫低位嫁接；对5年以上的大树，树体结构已形成，有了强旺的主枝和侧枝，需在主干以上的主枝和侧枝上进行嫁接，叫高位嫁接。但高位嫁接中，如果嫁接部位太过偏高，在树冠的中上部，就等于人为提前造成了结果部位外移。嫁接部位也不能过于偏低，嫁接在主干、主枝的中下部，伤口多而大，愈合不好，接口不牢，易遭风折。比较合适的部位应在树冠的中下部，树枝接口粗在3~5 cm 处。接头也不宜过多，要根据树的年龄、树冠的大小、主枝的多少和位置、嫁接后培养的树冠类型、结果的早晚等因素来确定嫁接头的多少和每个头的位置，以求通过改接培养形成丰产型的树形。

3. 嫁接技术

一般在春季萌芽时，将选留的山杏，在嫁接部位锯断，削平锯口，在其上进行插皮接或劈接。在风力过大，易折断的地方，可在10~15 cm 处锯断低接。山杏树干较粗时，应多插几个接穗，有利于成活。注意插接穗时，一定要露白0.4~0.5 cm，有利于砧木和接穗尽快愈合。嫁接口一定要捆严，然后套塑料袋，下部扎紧，以增温保湿，促进愈合；高位嫁接，采用切接方法较好，该方法与育苗嫁接相同（见图4−3）。

图4-3 红梅杏大树改接

（四）改接后管理

1. 修筑树盘

改接后，要在树干周围上切下垫，修成树盘。树盘要深翻，结合施肥，扩大树坑，以促进生长。

2. 除萌抹芽

接穗和砧木愈合成活后，应及时抹除砧木上的萌蘖，并疏除过密的萌芽，集中养分，供应接穗生长。若嫁接未成活，可留1~2个健壮萌条，继续培养，以备再接。

3. 绑支棍

接穗芽萌发并且迅速生长，枝叶量增加很快，接口新形成的愈合组织承受不了新枝的重量，极易被风折断。因此，必须在每个接头上绑1根支棍。绑支棍时间从嫁接以后到萌芽，一般有15~20 d；绑棍要牢固，不可松动，支棍在接口以上的长度不少于0.8 m。

4. 拢枝

5月中下旬，当新枝生长达50 cm左右时，进行第一次拢枝，以减少和避免风折。在支棍上，先用绳系在相当于新枝中上部的位置，（不要上下松动）然后将新枝拢在支棍旁，以既不系死也不至于过分晃动为宜。当新枝生长到1m左右时，进行第二次拢枝。

5. 剪枝

嫁接后，每个接穗上一般留有3~4个芽，每个芽都可萌发生长成新枝，如果不进行适当的剪枝，枝条生长过多、树冠稠密、内部光照差，会造成秋后出现大量弱枝和枯枝，不利于整形。因此，在生长季节需进行2~3次剪枝。第一次在接穗上萌芽长到20~30 cm时进行，方法：选留1~2个生长强健的枝，作为树冠的主枝进行培养，剪除其余枝。当留下的枝长到60~70 cm时，进行第二次剪枝，主要是疏除多余的2次枝，只留下4~5个，进一步培养成侧枝和辅养枝。经过两次剪枝后，树形及枝条组成结构就基本形成了（见图4−4）。

6. 防治病虫害，加强管理

嫁接成活后，新梢嫩叶易遭受天幕毛虫、金龟子危害，要及时防治。并要适时做好中耕除草和施肥工作，促进苗木生长。

图4-4 剪枝

第五章　彭阳红梅杏的土肥水管理技术

彭阳红梅杏适应性强、耐旱耐瘠薄，但是要获得优质丰产、连年稳产，加强土、肥、水技术管理，仍是最根本、最重要的途径。特别是在干旱、瘠薄的北方丘陵山地，缺水、缺肥，易造成树体过早衰老，形成“小老树”，导致产量低而不稳、无法产生应有的经济效益。

一、土壤管理

土壤是红梅杏生长结果的基础，是水分和养分供给的源泉。土壤条件，对杏树生长、结果有很大影响。良好的土壤结构能增强其保肥蓄水性能，有利于根系生长发育，促使根深叶茂，可为优质丰产奠定基础。土壤管理的作用主要是疏松土壤，增强土壤通透性；增加土壤有机质含量，提高土壤肥力；促进根系生长发育，增大养分吸收面积，增强树势，提高产量和品质。

1. 修整树盘

修整树盘的目的：一是防止由于降水冲刷下来的泥土将树干埋得太深；二是提高拦蓄雨水能力。修整树盘，可结合施肥每年至少进行两次。春季可在解冻后至发芽前进行，秋季可在落叶后进行。雨季应经常检查，对山坡上部因雨水冲刷露出根系的杏树，及时培土、修整冲毁的树盘，对下部淤埋过深的树盘，及时清除淤土至根颈部位，保证树体正常生长。

2. 合理间作

为了充分利用杏园行间的空地，增加果园前期效益、保持水土、防止冲刷、避免风蚀、抑制杂草。对于坡度较缓、行距较大的杏园，可间作豆类、薯类、瓜类等矮秆浅根性作物或绿肥植物。间作物应与树体保持一定的距离，保证耕作时不致碰伤枝干。在管理间作物时，要同时对树体进行管理。间作物收获后，应将秸秆集中铺在树盘上或埋压在树盘下，使其腐烂后增加土壤有机质，促进树体生长发育。

3. 深翻改土

杏树栽植成活后，随着树冠的扩大，根系延伸，应当深翻扩穴、加深耕层、补充肥料、改良土壤，为根系的生长发育创造适宜条件。深翻时期最好安排在秋季，即在白露、秋分前后进行。此时深翻，可以结合施入有机肥，且由于土温适宜、墒情好，肥料腐熟、转化快，易被根系吸收；此时也正值根系秋季生长高峰，断根、伤口易愈合，易长新根。深翻方法：从定植穴向外，逐年翻深80 cm左右、宽50~60 cm的环状沟。每年的深翻沟应与上一年的相套连，中间不留隔层。

4. 杏园覆盖

山丘地、旱薄地、沙荒地杏园，可在树冠下的地面覆盖草、秸秆、落叶、塑料薄膜等，称为杏园覆盖。这是农民群众在长期与干旱作斗争的实践中总结出来的经验，是一项缓温、保湿、控草、改土、肥地的有效措施。覆盖可减少土壤水分的散失，起到明显的保墒作用，增强树体抗旱能力，抑制杂草生长，保持土壤的通透性。覆盖杂草、秸秆等有机物质，经1~2年腐烂后，增加了土壤有机质含量，改善了土壤理化性状，明显促进了根系及新梢的生长，提高了产量及品质，对延迟花期、避免晚霜危害，也有一定效果。覆盖可在春、夏、秋进行，但以夏秋两季最好。覆盖前宜适当补施氮肥，有助于土壤微生物活动，促进覆草腐烂。覆盖最好在雨后进行。覆草厚度以10~20 cm为宜，要均匀撒布于地面上，草上斑斑点点压上散土，以防风吹、火灾。若覆盖农膜，会有明显的增温、保水作用，可提高定植苗的成活率。

二、施肥技术

肥料是果树生长发育、开花、结果、优质丰产的物质基础。合理施肥对红梅杏栽培十分重要。施肥就是供给树体生长发育所需要的营养元素，并不断改善土壤的理化性状，给其生长发育创造良好的条件。红梅杏虽然耐瘠薄，但对肥料非常敏感。实践证明，合理施肥可促使树体生长健壮，更好地进行花芽分化，增加完全花的比例，提高坐果率，减少落花落果，延长结果年限，达到丰产、稳产的目的。

1. 主要营养元素对杏树体生长结果的影响

（1）氮（N） 氮素是高等植物重要矿质元素，是合成氨基酸、蛋白质、核酸、磷脂、叶绿素、酶和维生素等的主要成分之一，是原生质、细胞核和生物膜的重要组成部分，它对树体的生命活动起着重要作用。施入充足的氮，可促进树体营养生长，使红梅杏树枝繁叶茂，叶厚而深绿，提高光合效能，促进花芽分化，延迟衰老，提高坐果率，加速果实膨大，提高产量。当红梅杏树体缺氮时，首先会出现叶片变黄，新叶变小变薄；生长势衰弱，果个变小，产量下降，早熟，易落果。氮素主要以硝态氮和铵态氮的形式被根系吸收。但是，氮素过多也会引起氮中毒，使叶片由暗绿色发蓝到生长后期叶边变黄，并逐渐扩展到叶肉，出现不规则的死斑，两边向上卷起，最后大部分脱落。

（2）磷（P） 磷是细胞核苷酸、核酸、核蛋白与磷脂的重要成分，与细胞分裂活动有密切关系。磷又是酶与辅酶的重要成分，与光合作用、呼吸作用以及碳水化合物的代谢、运输都有关系。特别是三磷酸腺苷（ATP）和二磷酸腺苷（ADP），都是含磷化合物，是细胞中能量贮存、传递与利用的媒介。磷素能增强根系的吸收能力，促进细胞分裂，促进组织成熟和花芽分化及花芽形成。磷能提高坐果能力，增大果实体积，促进种仁的形成和发育。磷还对提高树体的抗寒性及抗旱能力、促进枝条成熟具有重要作用。磷对氮素有明显的增效作用。树体缺磷会使蛋白质合成下降，糖的运输受阻，造成老叶片上出现不正常的暗绿色以至紫红色，边缘焦枯，甚至早期落叶。缺磷还会使树体生长缓慢、枝条纤细、分枝减少，幼芽、幼叶生长停滞，叶片变小、叶色呈深灰绿色，延迟展叶及开花物候期，降低枝条萌芽率，使花芽分化不良，影响产量和品质；使树体抗寒、抗旱能力减弱。

（3）钾（K） 钾虽不是植物体的组成部分，但它同氮、磷一样，也是杏树体不可缺少的营养元素之一。它参与植物的多种代谢活动，是多种酶的活化剂，在碳水化合物代谢、呼吸作用及蛋白质代谢中起重要作用。钾能促进叶片的光合作用、细胞分裂、糖的代谢和积累，提高杏的产量和品质；促进新梢成熟，提高树体抵抗低温、耐干旱的能力；促进树体对氮素的吸收。树体缺钾，首先表现在下部老叶逐渐变黄、坏死，叶缘焦枯、生长缓慢，而中部叶子生长较快，整个叶片小而薄、呈黄绿色，叶缘上卷，形成杯状弯曲或皱缩起来，叶尖焦枯，严重时全树呈现焦灼状，甚至枯死，影响生长和结果。

除了以上氮、磷、钾3种主要的矿质营养元素外，大量元素中，钙、镁、硫等对红梅杏的生长发育也有一定影响，也是树体必需的矿质元素，同样不能缺少。

（4）微量元素　一些微量元素，如铁、铜、硼、锌和钼等，对于红梅杏来说也是必需的矿质元素，对树体的正常生长也有重要的作用，缺乏时则不能正常生长。硼与红梅杏树的花粉形成、花粉管萌发和受精有密切关系，缺乏时就会出现受精不良和落花落果；锌是合成生长素前身物质色氨酸的必需元素，缺乏时会出现小叶病。铁、铜、锰、钼对改善树体酶的活性、叶绿素和蛋白质的合成有促进作用。红梅杏树体对某种元素缺乏时会产生一定的形态反应，称之为缺素症。

①缺硼（B）　生长点先枯死，叶坏死、变形或脱落，分生组织崩溃，果实、种子不充实或不能形成。

②缺钙（Ca）　生长点先枯死，叶缺绿、皱缩或坏死，根系发育不良，果实极小或不能形成。

③缺锰（Mn）　生长点不枯死，但叶脉间缺绿以至坏死。

④缺硫（S）　生长点不枯死，但叶脉间缺绿，但不坏死，叶呈淡绿至黄色。

⑤缺铁（Fe）　生长点不枯死，但叶脉间缺绿但不坏死，叶呈黄白色。

⑥缺铜（Cu）　生长点不枯死，但叶尖变白，叶细、扭曲，易萎蔫。

⑦缺镁（Mg）　叶脉间出现失绿斑或条纹斑，以至坏死。

⑧缺钾（K）　叶缘失绿以至坏死，有时叶片上有失绿至坏

死斑点。

⑨缺锌（Zn） 整个叶片有失绿至坏死斑点或条纹。

2. 施肥技术

（1）施肥时期 根据肥料的种类、性质、作用及施用目的不同，把施肥时期分为基肥和追肥两种。

①基肥 基肥是红梅杏一年生长中的主要肥料，多以有机质含量多的厩肥、堆肥等农家迟效性肥料为主施用，也与部分氮肥混施，以加速肥效的发挥。基肥最好在杏果采收后至落叶前的秋季施用。秋施基肥有如下好处：第一，红梅杏根系在杏果采收后正值旺盛生长期，根系可以将大部分营养物吸收，增加体内营养贮备，使树体细胞液浓度增加，为翌年生长积蓄营养的同时，也提高了红梅杏树的抗寒力。尤其是，营养物质的积累能促进花芽的分化。第二，秋施基肥可能切断部分根系，此时地温尚高，有利于根系愈合，并促发新根，不妨碍翌年树体的生长。第三，秋施基肥可以结合果园秋季深翻改土进行，能节省劳力。第四，秋施基肥后，土壤有机质含量增加，使土质疏松透气，有利于果园蓄水保墒，防止冬旱，也可提高地温、防止冻根。第五，秋施基肥后，有机肥有充足的时间分解，可提前供给树体需要，对翌年春季花芽继续分化、开花、结果、生长，均有作用。

②追肥 追肥是在生长期间为了及时满足和补充树体营养的急需而追加的肥料。红梅杏生长期所需的施肥时期有花前追

肥、花后追肥、果实膨大肥和果实采后肥。

A. 花前追肥　指在萌芽开花前进行的追肥。目的是为了促进花芽后期发育，使树体开花、发芽整齐一致；增加营养，减少落花，提高坐果率。一般在土壤解冻后（2~3月）立即追施，肥料以速效氮肥（如尿素）为主。

B. 花后肥　指在花后幼果期的追肥，一般在4月下旬追施。目的是为了减少红梅杏因营养不足而导致的生理落果，缓和枝叶生长、果实发育对养分需求的矛盾。花后肥一般以氮肥为主，补施少量磷、钾肥。

C. 果实膨大肥　指在果实膨大期的追肥。目的是满足果实膨大对营养的需求，同时为花芽分化奠定基础。一般在5月中旬前后，果实膨大期追施。果实膨大肥以氮、磷、钾配合为主，适当增加磷、钾肥，特别是钾肥。钾肥对促进果实膨大、促进光合产物快速转化，增加细胞液浓度及保证花芽顺利通过生理分化有着十分重要的作用。

D. 果实采后肥　指在果实采收后进行的追肥，目的是促进花芽分化。本次追肥在果实采收后追施，此时果实已经采收，红梅杏花芽的形态分化已开始，充足的营养供应会使叶片光合作用效率提高、增加树体有机营养的贮备水平，保证花芽形态分化的顺利进行。

（2）施肥量　施肥的肥料用量可根据土壤肥力、产量高低、肥料的种类等来估测。要准确地确定杏的施肥量，应当采用土壤分析、组织分析、树体营养诊断相结合的科学方法。国内有学者认为，杏叶内含氮量少于1.73%表示缺氮。含氮量由2.4%提高到2.8%，产量可以翻番，最适宜的含氮量为3.3%；叶内磷的含量由0.2%提高到0.4%，增产明显；叶内钾的含量少于1.2%为缺乏，3.4%~3.9%为适宜。在生产上，一般应掌握对盛果期的杏园基肥的施肥量应为全年施肥量的70%~80%，即每年每株施优质农家肥150~200 kg；幼树及初果期杏园每年每株施优质农家基肥50~100 kg。追肥量为全年施肥量的20%~30%。生长前期追肥以速效氮肥为主，配合适量的磷钾肥，生长后期应减少氮肥施用量，适当增加磷钾肥施用量，以免贪青徒长，使秋梢不易木质化，造成冬季冻梢。有条件的地方，应积极推广测土配方施肥。

（3）放肥方法　红梅杏园的施肥方法主要有土壤施肥和根外追肥两种。

①土壤施肥　在根际的土壤内施肥。包括环状沟施肥、放射沟施肥、条沟施肥、全园撒施、穴状放肥等方法。

A. 环状沟施肥　在树冠的外缘，向下挖深40~60 cm（施基肥）或30~40 cm（施追肥）、宽30~50 cm的环状沟，在沟内施入肥料。幼龄树多用此法施肥。随树龄增加、树冠扩大，环状沟也逐年向外扩展。

B. 放射沟施肥　在离红梅杏树主干1 m以外的四周，挖4~6条深达30~50 cm的放射沟，沟长要超过树冠外缘，呈里浅外深、内窄外宽状，沟内按量施入肥料。沟的位置应逐年轮换。

C. 条沟施肥　在红梅杏树行间或株间、树冠外缘下开直条沟，施入肥料。根据肥料的多少，可一次性四边开沟施肥，也可逐年轮换行间或株间的条沟位置。沟的深浅、宽窄同环状沟。

D. 全园施肥　成年大树红梅杏园，当由于树冠大枝相互交错或空间小不宜挖沟操作时，可将肥料均匀撒入全园地面，然后翻耕至20 cm以下的土层内。此时，由于地下根系已布满全园，全园施肥更能满足树体生长的需要。

E. 穴状施肥　在树冠下距主干1 m以外各个方向，挖4~8个直径30 cm、深40 cm的洞穴，穴中插入小于洞穴的草把，再填入肥料，穴顶留成凹面形，每穴注入4~5 L水，再在穴上覆上地膜，使肥水暂时贮存在穴内的草把外，以后逐渐供根系吸收利用。每穴顶的覆膜中央扎一小孔，平时用土块压住孔口，需施肥灌水时，再由小孔注入。对密植杏园，也可在树冠下两边与树行平行开两排肥穴，每隔1 m开1个，插入草把，填入肥料，灌水覆膜。

土壤施肥最好结合红梅杏园土壤翻耕进行，这样可以节省大量劳力和时间。施肥方式应掌握在幼树期采用环状沟施、条沟施或放射沟施方式进行，且施肥沟位应逐年变换；大树宜结合秋耕全园撒施；缺水的旱薄地、山坡地红梅杏园，可推行穴状施肥技术。一般基肥宜深施、追肥宜浅施；磷肥应深施，氮肥应浅施。磷、氮不可同时集中施在一个沟穴内，以免产生结块，影响肥效。

②根外追肥　指把肥料施在红梅杏树的枝干和叶片上，靠枝干皮孔、叶表气孔吸收利用的施肥方式。包括叶面喷施、枝干涂抹、主干注射等。

A. 叶面喷施　在红梅杏树需肥的关键时期，将肥料配制成一定浓度的溶液，及时地喷洒到叶面及叶背上，通过叶片的角质层和气孔将肥料吸收。叶面喷肥要选择在无风的晴天进行。一天之中，以早晨露水未干或傍晚日落时喷施为好。叶面喷肥常用的肥料浓度、使用时间和作用（见表5-1、表5-2）。

表 5-1 叶面施肥常用的肥料及使用浓度

名　称	使用浓度	名　称	使用浓度
尿素	0.2%~0.4%	磷酸二氢钾	0.2%~0.3%
硫酸铵	0.2%~0.3%	氯化钾	0.4%
磷酸铵	0.5%~1.0%	硫酸钾	0.2%~0.4%
过磷酸钙浸出液	0.5%	硝酸钾	0.5%~1.0%
腐熟人粪尿	10%	草木灰浸出液	4%
硫酸亚铁	0.1%~0.4%	硫酸锌	0.1%~0.4%
硫酸铜	0.05%	硼酸	0.1%~0.5%
硫酸镁	1.0%	磷酸铵	0.3%~0.5%
氯化镁	1.0%~2.0%	硼砂	0.1%~0.25%

表 5-2 叶面施肥的时间作用及所用肥料

时 期	所用肥料	喷洒次数	作 用
坐果期至果实膨大期（5 月上旬至 5 月下旬）	尿素、硫酸亚铁、硫酸锌	间隔 5~7 d，喷 3~5 次	提高坐果率、促进果实膨大、防治黄叶病、小叶病
硬核期（6 月上旬至 6 月下旬）	尿素 + 过磷酸钙、草木灰、磷酸二氢铵、磷酸二氢钾	间隔 5~7 d，喷 3~5 次	促进花芽分化、果核发育
转色期（杏果由绿变黄）（6 月下旬至 7 月中旬）	过磷酸钙、草木灰、磷酸二氢钾、磷酸二氢铵	间隔 5~7 d，喷 2~3 次	促进花芽分化、果实色泽转变及果品质量
采收后至落叶前（7 月下旬至 10 月下旬）	尿素、磷酸二氢钾、磷酸二氢铵	间隔 10~15 d，喷 4~5 次	保护叶片、提高叶片光合能力、促进花芽分化、提高树体的抗逆性

B. 树干喷涂　在枝干上喷涂速效液肥，对于某些因微量元素缺乏而发生的生理病害作用效果明显（见表5-3）。

表 5-3　树干喷涂液肥的时间、作用及次数

涂抹时间	液肥种类	涂抹次数	作　用
萌芽前（3 月上旬至 4 月上旬）	硫酸亚铁、硫酸锌	每隔 7~8 d、喷涂 2~3 次	防治黄叶病、小叶病
花芽萌动至盛花期（4 月中旬至 5 月上旬）	尿素、硼砂、硼酸、磷酸二氢铵、磷酸二氢钾	每隔 5~7 d、喷涂 2~3 次	促进花芽后期分化、提高完全花比率、提高坐果率

C. 树干注射　在树干上，用高压注射器向木质部强行注入液肥，可起到快速补充营养的作用。

根外追肥具有用肥量少、肥效快、能救急、节水等优点。根外追肥一般使用浓度低，单株用肥量仅几克，施后2~3 h 便可被吸收。特别是叶面喷肥，施后能提高叶片光合效率0.5~1.0倍，可及时地满足树体需要，有利于中短果枝花芽分化。另外，在无灌溉条件的地区，遇到干旱少雨的年份或季节，土壤施肥难于溶解和吸收，根外补肥就更显重要。但根外追肥只能是土壤施肥的补充，二者不可相互取代。根外追肥肥效期短，一般叶面喷肥效果仅可持续10~15 d。

（4）施肥原则　对红梅杏树科学施肥，应遵循以下六大基本原则。

①以基肥为主，追肥为辅。

②大量元素为主，微量元素为辅。

③复合肥为主，单一肥为辅。

④有机肥为主，无机肥为辅。

⑤以秋施为主，春、夏施为辅。

⑥以土壤施肥为主，根外追肥为辅。

三、水分管理

水是果树各器官的重要组成物质，树体的各种生命活动均离不开水。在果树的年生长发育周期中，需水量不尽相同，一般规律为：新梢旺盛生长、果实迅速膨大期等需水临界期，田间持水量应达85%；6月份花芽分化期应适当控水，田间持水量保持60%~70%即可；果实采收期田间持水量可降至50%~60%。据观察，沙土地当含水量低于田间持水量50%时出现旱象，下降至30%时发生旱灾，此时树冠内膛叶片变黄而脱落。红梅杏虽然耐干旱，比其他果树需水量少，但水分过度缺乏也会使生长受到影响而减产。因此，根据红梅杏的需水规律，作好水分管理工作，是促进红梅杏正常生长发育和丰产稳产的重要环节。水分管理主要包括灌水和排水。

1. 灌水

灌水是解决红梅杏园需水问题的主要方式。应根据实际情况，掌握好适宜的灌水时期、灌水方法和灌水量，以避免造成浪费。

（1）灌水时期、次数　灌水时期应依据土壤含水量、物候期、树体的生长发育状况而定。根据红梅杏的生长发育规律，其适宜的灌水时期有萌芽期灌水、新梢生长期灌水、核形成期灌水、果实采后灌水。

①萌芽期灌水　在冬春干旱少雨、土壤含水量不足的情况下，为了使红梅杏树花芽顺利完成性细胞发育、萌芽整齐，应在2月底或3月初，最迟不得晚于开花前10 d 结合施肥进行灌水。此时灌水还可降低地温，推迟花期3~5 d，使开花整齐一致，既有利于避开花期晚霜冻，也能提高受粉受精，增加坐果量。

②新梢生长期灌水　红梅杏落花后，会迅速展叶，新梢开始生长，受精胚胎细胞快速分裂。这时进行灌水，可显著地促进生长、减少落果。

③杏核形成期灌水　在5月上中旬，正值红梅杏核形成期，是杏需水的临界期，应据雨水情况适时灌水，并保持相对稳定的土壤含水量，直至果实成熟。

④果实采后灌水　果实采收后，树体处于营养物质的积累阶段，此期适宜的土壤水分，对促进树体对营养的吸收、促进花芽分化具有重要作用。此时，根据天气情况，结合秋施基肥，可再灌一次透水。

（2）灌水方法　红梅杏常用的灌水方法与其他果树基本相同，主要包括沟灌、穴灌、树盘灌、喷灌、渗灌、滴灌、集雨灌溉等。

①沟灌　在树冠下开深20~30cm的环状沟或在行间开直通沟，每隔1m左右一条，在沟内灌水，灌后封沟。此法开沟较费工，但对土壤浸湿均匀，散失水分少，不易造成板结，有利于土壤通气。

②穴灌　在水源紧缺的地区，可在树冠下挖30cm深的洞穴多个，再往穴内注水灌溉。

③树盘灌　在树冠外围修筑树盘，开灌水沟，顺沟向盘内注水灌溉。在水源不足、能自流灌溉的杏园，用该种方法既方便又省工，且供水足。但树盘内土壤容易板结，要及时松土。

④喷灌　利用一种专门设备或自然落差加压，将水通过管道、喷头由水源压送到红梅杏园，并喷射到空气中，散成细小雨滴，均匀地散布到地面的灌溉方式。喷头可以高出树冠，也可以在树冠下面。高于树冠的喷头，早春喷灌兼有防止晚霜的功能。喷灌比地面灌水节水30%~70%。

⑤渗灌　在红梅杏园下40 cm处埋渗水管，管内注水，使水通过渗水孔直接向土壤毛细管渗透的灌水方式。一般把渗水管沿树行埋设，1.0~1.5 m埋设1条。此种灌溉方法，没有地表径流和蒸发，最省水。与漫灌相比，可节水80%左右，且完全不会破坏土壤结构。但投资相对较大。

⑥滴灌　利用水泵加压，通过配水管将水送入地下管道，在低压管系统中送达限量滴头，使水以水滴或细小水流的形式，

缓慢进入土中的灌溉方法。该方法能免除蒸发、径流、渗漏对水的损失，可省水70%~80%，水的利用率达90%~95%，具有明显的节水、保墒效果。但也需一定的投资。

⑦集雨灌溉　在地下水源缺乏的干旱山区，无法利用地下水灌溉。可采取修建贮水窖、挖穴贮水等方法，贮积雨水进行灌溉。在山地杏园中，在园地的上方适当位置修筑小水窖，水窖用水泥和砖砌成。靠山一侧的上方留进水孔，靠果园一侧的下方留出水孔。当雨季到来时，窖内可大量收集雨水，旱时用窖水灌溉园地。

2. 排水

红梅杏怕涝，不耐水湿，灌水后或雨季积水过多时，应当排除积水。平地红梅杏园可顺地势在园内或四周挖水沟排水。山地红梅杏园要结合水土保持工程，进行排水规划。

第六章　彭阳红梅杏的整形修剪技术

整形是指把红梅杏树体整修成一种较为理想的树冠形式。修剪又叫剪枝，是指在整形的基础上，继续培养和维持丰产树形的重要措施。整形与修剪是红梅杏栽培管理中的主要内容。在实际生产中，整形与修剪相互联系，不能完全分开。整形中有修剪，修剪中包含着整形。红梅杏具有叶芽早熟、萌芽力强而成枝力弱等特性，如果放任生长或管理粗放，极易造成树体提前衰老，使结果部位外移，导致树冠中下部枝条光秃、结果量少或枝条大多枯死，出现周期性结果，产量低而不稳，品质下降。整形修剪对于调节红梅杏树生长与结果、衰老与更新的矛盾，建立根冠、枝干、枝叶、叶果间的相对平衡关系，改善通风透光状况，实现连年丰产、优质、稳产等，具有十分重要的作用。

一、红梅杏适用的树形及其整形过程

红梅杏树自然生长时呈自然圆头形。人工栽培时除了采用自然圆头型外，还应顺应其生长特性、结合立地条件、栽培密度、管理水平等因素选择适宜的树形。在栽培条件较好的地块可选择疏散分层形，坡度较大、管理不便的贫瘠丘陵山地宜采用自然开心形。

（一）自然圆头形

自然圆头形是顺应红梅杏树自然生长习性而整理成的一种树形。这种树形没有明显的中心干，一般在自然条件下，略加调整即可成形。

1. 树体结构

主干上着生5~6个主枝，其中一个主枝向上延伸到树冠内部，其他几个主枝斜向上插空错开排列，向树冠外围伸展。各主枝上每间隔40~50 cm留1个侧枝，侧枝上下左右分面均匀，呈自然状，侧枝上再着生结果枝组（见图6−1）。

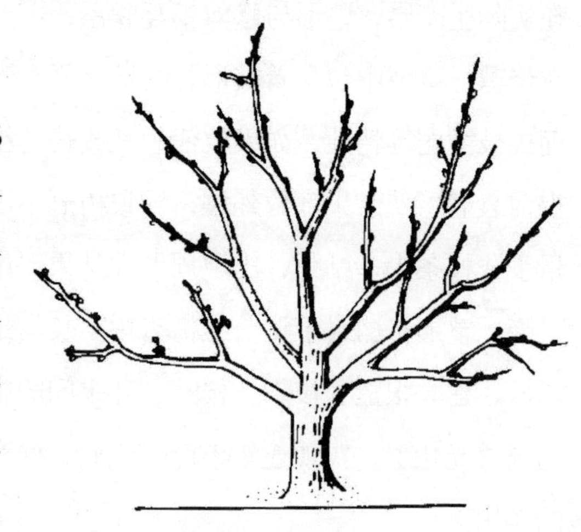

图6−1　自然圆头形

2. 修剪成形过程

在苗木高度70~80 cm处定干，整形带内保留10~12个饱满芽，芽萌发后任其自然生长，新梢长到20~30 cm时，从中选5~6个大小一致、方向合适、角度适中的新梢作为主枝继续培养，其余一律及早摘心。

（1）第一年冬剪　生长势强的主枝剪去枝条全长的1/3，对生长势弱的主枝剪去枝条全长的1/2，一般剪留长度50~60 cm。剪口芽留外芽，第二、三芽留两侧。处于中心位置的主枝，剪留长度为50~60 cm。

（2）第二年冬剪　对树冠中部的主枝剪留50~60 cm，以便有利于向高处伸展，剪口芽留在迎风面。如树体健壮，可选留第二层主枝，并要与第一层主枝交错分布，对该层主枝一般剪留长度为40~50 cm。在主枝上距主干50~60 cm处，选留侧斜生枝为第一侧枝，侧枝与主枝的夹角为40°~50°，侧枝剪留长度为30~40 cm。

（3）第三年冬剪　各主枝的剪留长度为50 cm左右。在主枝上距第一侧枝40 cm处的对侧，选留第二侧枝。此时要逐步培养主、侧枝上的结果枝组。可用短截、疏除、甩放等方法，多留枝组，但在同一大枝上过于靠近的地方，不要安排2个过于强旺的枝组，避免造成卡脖。

（4）第四年冬剪　处于中央的主枝留60~70 cm短截，其他主枝的延长枝留50 cm短截。各主枝上选留第三侧枝，继续培养结果枝组。经过4年的培养，树形可基本形成。

自然圆头树形，因为修剪量比较小，树冠成形快，造形容易。一般3~4年即可成形，且主枝分布均匀，结果枝多，进入结果期较早，也较丰产。但是，由于后期树冠内膛易空虚，常导致结果部位外移。这种树形适宜于直立性较强品种和小冠形栽培。树冠内膛光照较差、影响品质，这是此树形的缺点。

（二）疏散分层形

1. 树体结构

疏散分层形主干的高度比自然圆头形略矮，一般为50~60 cm，有比较明显的中心干。

图6-2　疏散分层形

一般选留6~8个主枝，分三层排列。第一层3~4个主枝，层内距30 cm；第二层2个主枝，第三层1~2个主枝。第一层与第二层层间距80~100 cm，第二层与第三层层间距60~70 cm。第一层的主枝上各留2~3个侧枝，第二、三层侧枝数随层次增加而减少（见图6-2）。

这种树形树冠高大，主枝多、层次明显，内堂不易光秃，产量高、品质好。

最适应树势强健、干性强、土壤较为肥沃的地块上应用。但该树形成形慢、进入结果期需要3~4年。

2. 修剪成形过程

（1）第一年冬剪　选留3个主枝，并把主枝留50~60 cm 短截，中心领导枝也留50~60 cm 短截，其他枝基本不动。

（2）第二年冬剪　中心领导枝留50~60 cm 短截，其他主枝留50 cm 短截。第一层主枝上距离主干50~60 cm 处选留第一侧枝，斜生或侧生，侧枝剪留长度30~40 cm。第二层选留2个主枝，与第一层主枝错落分开，主枝剪留长度为40~50 cm。

（3）第三年冬剪　对中央领导枝的延长枝留50~60 cm 短截，对各级主枝的延长枝留40~50 cm 短截，第一层主枝上距离第一侧枝40 cm 处的对面选留第二侧枝，并留20~30 cm 短截。此时，要培养结果枝组。培养结果枝组的方法：先短截促生分枝，然后缓放即可形成花芽结果。

（三）自然开心形

1. 树体结构

自然开心形无中心领导干，干高60~80 cm，主干上着生3个主枝，主枝基角45°~50°，其水平夹角120°，每个主枝上着生2~3个侧枝，侧枝上着生结果枝组（见图6-3）。

这种树形干矮，无中心领导干，主枝少、通风透光好，适宜贫瘠的丘陵山地、立地条件差的地块应用。缺点是树下管理不便，树体易于衰老。此外，由于该树形主枝少，导致早期产量低。在实际生产中，可灵活掌握，将该树形改作多主枝开心形，即主枝数4~6个，小树期间主枝可多达6个，大树时可适当控制，保持4个左右，将其余的改为大型枝组，每个主枝可留1~2个侧枝。这样效果会更好。

图6-3　自然开心形

2. 修剪成形过程

利用主干上的新梢或当年的副梢，从中选出4个距离适宜、方位角分布均匀的枝作主枝，并将中心枝剪除；或将中心枝拉向一侧作一主枝，再在主干上选留2~3个适宜的枝作主枝。

（1）第一年冬剪　选定主枝后，对各主枝的延长枝剪留50~60 cm，剪口芽留外芽，第二、三芽留两侧。

（2）第二年冬剪　各主枝的延长枝剪留50~60 cm，同时选留第一侧枝，第一侧枝要求向外侧斜伸，距主干50~60 cm，对侧枝剪留30~50 cm，侧枝上培养枝组。

（3）第三年冬剪　主枝和第一侧枝的延长枝均在50~60 cm处短截，同时培养第二侧枝。第二侧枝在距第一侧枝约50 cm的对侧选留，剪留长度略小于第一侧枝，继续培养枝组，此时开心形基本形成。

二、红梅杏的修剪技术

修剪的目的是通过人为地对枝条进行截、放、疏、缩等处理，使树体既能发挥本身的生长发育特点，又能按人们的要求正常地开花结果，从而达到树势均衡、丰产稳产。

（一）修剪的基本原则

1. 因树修剪，随枝作形

因红梅杏树龄、树势而确定修剪方法和修剪量；根据树上的枝条的种类、长短、大小、生长量、枝位而决定树形、枝形。如在肥水条件较好的地块，红梅杏树长势较旺，枝条抽生快，幼树期轻剪长放有利于早成形；在干旱瘠薄立地条件下生长的红梅杏树，因生长势弱，盛果期适当短截、留背上结果枝组，则有利于树体复壮和优质丰产。

2. 均衡树势，主从分明

要通过修剪调整红梅杏树不平衡的生长势，使之尽可能地均衡生长。如，使主干与主枝、主枝与侧枝、骨干枝与辅养枝、营养枝与结果枝等能均衡地生长，保持中心干、中央领导枝对其他各主枝的主导地位，保持各主枝对其上各侧枝的主导地位，及骨干枝对辅养枝的主导地位。

3. 长树结果，相辅相成

要通过修剪，做到整形与结果、生长与发育两不误，达到相互促进、相互制约，既长树又结果的目的。

（二）红梅杏修剪的方法

红梅杏因修剪时期、修剪对象的不同，所采用的方法各异，每种修剪方法所造成的修剪反应也不相同。

1. 甩放

甩放也叫缓放、长放，即对枝条不修剪。缓放枝条生长最大、增粗快、萌芽多，但抽枝弱。缓放可缓和树势，多形成中、短枝，有利于形成花芽。但缓放易于使枝条下部多出现光秃，出现结果部位外移的现象。因此结果后要及时回缩，这种手法多用于未进入结果期的幼树和辅养枝（见图6–4）。

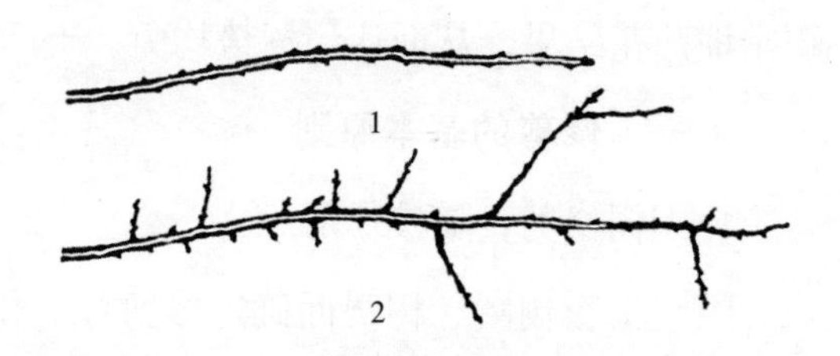

1. 年生枝；2. 缓放后

图6–4　缓放效果示意图

2. 短截

短截也叫短剪，即剪去一年生枝条的一部分。主要用在主、侧枝延长枝头的处理上。按剪去枝条的长短分为轻剪（截）、中剪（截）、重剪（截）、极重剪（截）四种（见图6–5）。

（1）轻剪　剪去一年生枝条上端约1/3长度，剪口下除形成1~2个长枝外，因剪截较轻，弱芽带头，因而多形成中、短枝和串花枝，有利于成花坐果，缓和树势。

（2）中剪　在枝条饱满芽处下剪，剪去枝条上端约1/2长度。因剪截较重，强芽当头，形成中、长枝能力强，生长势旺，一般用于培养骨干枝，扩大树冠和强壮树势。

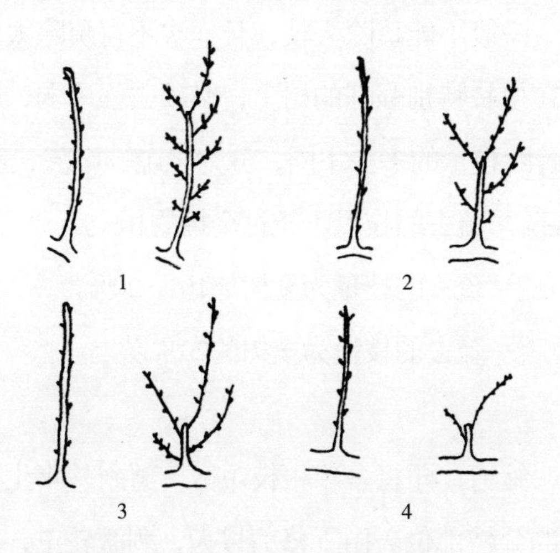

1. 轻短截；2. 中短截；3. 重短截；4. 极重短截。

图6–5　短截效果示意图

（3）重剪　在1年生枝条中下部下剪，剪去枝条2/3~3/4长度。剪后萌芽数、成枝数很少，但可抽生壮枝。一般用于控制和改造徒长枝和竞争枝，培养中小结果枝组。

（4）极重剪　在1年生枝条上距基部2~3 cm处下剪，保留2~3个瘪芽。修剪后发枝少而弱，多为短果枝或花束状果枝，目的是培养小型结果枝组，也可降低枝位。

3. 疏剪

疏剪又称疏除、疏枝，即将枝条从基部剪除。本着去弱留强的原则，一般疏剪一部分背上竞争枝、树冠中上部过密枝、交叉枝、徒长枝、衰弱的下垂枝、干枯枝和病虫枝，以改善通风透光条件。一般不能疏除大枝，且一次不得疏除太多，必须逐年进行。在生长特别强旺的树上，必须去强留弱，以缓和树势。疏剪按疏除枝量的多少不同，分为轻疏、中疏、重疏3种。

（1）轻疏　疏去的枝量不超过全树的10%。

（2）中疏　疏去的枝量为全树的10%~20%。

（3）重疏　疏去的枝量为全树的20%以上。

4. 回缩

回缩又叫缩剪，即将多年生枝短截，剪到一年生枝的基部或多年生枝的分枝部位。由于修剪量大，刺激较重，有更新复壮的作用。多用于枝组或骨干枝更新，以及控制树冠辅养枝。

5. 开角

开角即用撑、拉、压、坠等方法，使枝角向外或变向生长，以达到既控制枝条长势，又增大枝条开张角度、调整枝向、改善内膛光照的目的。

（1）撑　用一根长短适当的木棍，把需要开角的枝从内向外撑开。

（2）拉　即拉枝，指对生长势强旺的枝、直立枝、枝位不正确的枝，为改变方向和缓和生长势，用绳子将其拉开一定的角度。拉枝可以扩大树冠，增加树冠内通风透光条件，促进枝条下部芽萌发，增加中短果枝。但拉枝应注意以下几点：第一，拉枝时间以萌芽期和生长末期为好，尤其在处暑至秋分拉枝，拉后不易冒条，角度也易固定。第二，拉枝方向一般是加大角度，向外拉。但为了利用空间，也可把对面的枝条、侧边的枝拉向缺枝的空位。第三，拉枝角度以40°~50°为宜，不宜过大，以免发生直立旺枝，或导致结果后枝条下垂。第四，拉枝年限，幼树整形中应坚持栽后1~5年持续拉枝，使树体上下均衡，等被拉枝大量结果而衰弱后，再回缩更新。第五，拉枝方法，被拉枝条必须从基部软化后再拉，不得拉成“弓”形。因为弓背上易生徒长枝。

（3）压　即用重物绑缚在枝上，借助重力使枝条开张角度、改变方向。

（4）坠　即用绳在一头绑住重物，再将绳另一头绑挂到枝条适当的部位，借助重力的下坠，拉开枝角。

6. 摘心、剪梢

将旺长的新梢嫩尖摘去或剪去枝条的尖端部分。摘心、剪梢能削弱枝条顶端生长势，促进分枝。对树冠内膛光照条件较好、位置适宜的徒长枝和背上的直立中庸枝进行摘心，能够促使花芽形成。对于长果枝摘心能控制生长、促进枝条养分积累、提高花芽饱满程度，可延缓结果部位外移。摘心一般在新梢长到30 cm 时进行，分为轻摘心和重摘心。

（1）轻摘心　为了短期控制生长，摘除梢端6~10 cm 的嫩尖。

（2）重摘心　为了增加枝量，促生二次枝，摘去新梢的1/2以上。

7. 扭梢

指对延长枝的竞争枝、背上直立枝、徒长枝、旺长枝梢部扭转180°，使其改变生长方向。目的是控制旺长、改变透光条件、促使形成结果枝。一般在新梢长到30 cm 左右，尚未木质化时进行。

8. 除萌抹芽

抹除树体上生长部位不合理的萌芽，以减少养分消耗，使树体得到充分通风和光照。

（三）修剪时期

红梅杏的修剪时期分为冬季修剪（休眠期修剪）和夏季修剪（生长季修剪）。

1. 冬季修剪

冬季修剪是在红梅杏树落叶后至萌芽前进行的修剪。冬季修剪，有充足的作业时间。但考虑到杏休眠期短和对外界环境条件的敏感性，理想的冬剪时间应放在深冬之后至早春萌芽之前进行。冬剪的重点是对各级骨干枝的延长头的修剪，目的是促进长树、造就骨架、平衡树势、安排枝组。冬剪采用的方法有短截、甩放、疏剪、回缩。

2. 夏季修剪

夏季修剪是指在红梅杏树开花萌芽后至落叶前进行的修剪。目的是改善树冠的通风透光状况，调节营养物质的分配比例，培养各类结果枝组、促进丰产优质。夏剪采用的主要方法有开角、摘心、除萌、抹芽等。

三、红梅杏不同年龄时期的修剪

（一）幼树的修剪

1. 幼树的生长特点

苗木定植后，经过缓苗期，即进入迅速生长阶段。该时期树体生长势极强极易生成几个长枝，并常常在主枝的背上或主枝的拐弯处萌发直立向上的竞争枝，有时甚至超过主枝。如果这些枝条不及时加以控制，就会形成“树上树”或“树中树”。

2. 幼树的修剪目的

这一时期修剪的主要目的是利用幼树的生长特点进行整形，建立合理的树体骨架。

3. 幼树的修剪技术

幼树修剪的重点应放在整形上。要根据设定的理想树形配置主、侧枝，保持主、侧枝具有较强的生长势，同时控制其他枝条的生长。

在2~3年，每年要短截主、侧枝的延长枝，促使其发生侧枝和继续延伸，不断扩大树冠。主、侧枝的从属关系为主枝服从中心干、侧枝服从主枝。延长枝的修剪量要根据品种、发枝力强弱、枝条长短和生长势来确定。一般要强枝轻剪，弱枝重剪，以剪去原枝长的1/3−2/5为宜，见图6−6。

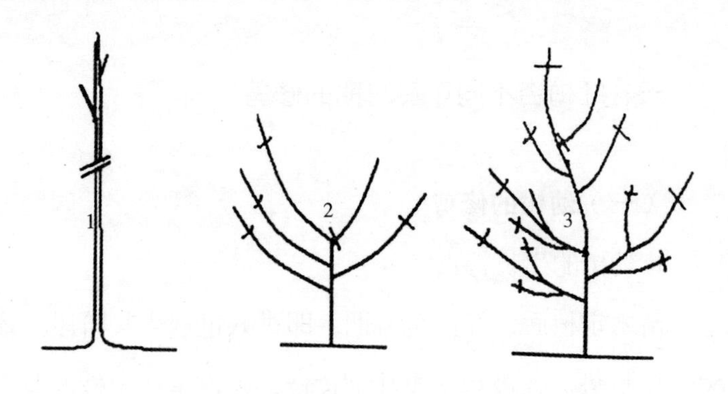

1. 定干；2. 第二年；3. 第三年

图6−6　幼树修剪示意图

对于有二次枝的延长枝，应根据二次枝发生的部位决定剪截的位置。如果二次枝着生部位较低，可在其前部短截，再选留1个方向好的二次枝作延长枝，并对其进行短截（见图6–7）。对于二次枝部位很高的延长枝，则可在其后部短截，以免因剪留过长，影响延长枝的分枝力和生长势。

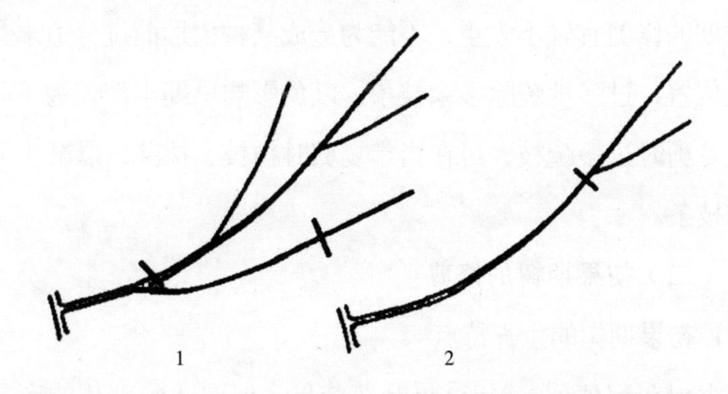

1. 在第二次枝的前部短截；2. 在第二次枝的后部短截

图6–7 幼树修剪示意图

对于树冠内膛干扰骨干枝生长的非骨干枝，如无利用价值，则应及早疏除。对于凡是位置适合、能填补缺枝空间的枝条，可通过拉枝变向，结合缓放或短截，以促其分枝，将其培养成结果枝或结果枝组。对生长在各级枝上的针状小枝，不宜短截，以利于其转化成结果枝，增加早期产量。

对于幼树上的结果枝，一般应予以保留。杏树的长果枝坐果率不高，可进行短截，促其分枝，培养成结果枝组。中短果枝是主要的结果部位，可隔年短截，既可保证产量，又可延长寿命，避免结果部位外移。花束状果枝是理想的果枝，不要进行修剪。

幼树期的修剪，虽然以整形为主，但应考虑到实现早期丰产的栽培目的，即在培养良好树形和树体结构的基础上，还要具备足够的枝条，促使其尽早开花结果，高产、稳产。所以，幼树期的修剪宜轻不宜重，不能为造成某种树形而过分追求骨干枝位置，过多地疏除多余枝条，以免影响早期丰产。为了防止在冬剪时过多疏枝，可在当年夏剪时拉枝、抹芽，以减少无用的枝条。

（二）初果期树的修剪

1. 初果期树的生长特点

杏树在定植后2~3年就可开花结果，但要达到理想的商品产量，还需要1~3年的时间。在这段时间内，通过整形修剪的幼树，生长势仍然很旺盛，枝条不规则生长仍很明显，营养生长仍大于生殖生长。

2. 初果期树的修剪目的

保持必要的树形，即在原设计树形的基础上，加以护理。通过对延长枝的短截，继续扩大树冠。通过运用综合修剪措施，培养尽可能多的结果枝组。

3. 初果期树的修剪技术

剪截各级主枝、侧枝的延长枝，保持饱满芽领头，使其继续向外生长。疏除骨干枝上的竞争枝、密生枝及树冠膛内影响光照的交叉枝。短截部分非骨干枝和中部的徒长枝，促生分枝，使之成为结果枝组。对于树冠内部新萌发的生长势旺盛、方向和位置合适的徒长枝，要通过拉枝变向、扭枝和重短截等措施，控制其长势，促发分枝，以填补膛内空间，并将其培养成结果枝组，力争实现内外立体结果。

（三）盛果期树的修剪。

1. 盛果期树的生长特点

盛果期杏树的树形结构已经形成，主枝开张，树势缓和，中长果枝比例下降，短果枝和花束状果枝比例上升。在盛果前期树体结果量增大，枝条生长逐渐减少，生殖生长大于营养生长。到了中后期，结果部位逐渐外移，树冠下部枝条开始光秃，果实产量开始下降，容易形成周期性结果或大小年结果现象。盛果期树势还容易出现上强下弱、外强内弱现象。

盛果期树如不进行合理的修剪．树冠内膛的结果枝会陆续枯死，引起结果部位的外移，还会由 于负载量得不到合理的调节而形成大小年现象使树体早衰。

2. 盛果期树的修剪目的

盛果期树修剪的主要目的是提高树体的营养水平，保持树势健壮，调整生长与结果的关系，防止大、小年的发生，延长盛果期的年限，实现高产、稳产。

盛果期树修剪的主要内容为延长枝的短截，各类果枝的短截和疏枝、结果枝组的更新。

3. 盛果期杏树的修剪技术

通过对主、侧枝的延长枝进行较重的短截，促发新枝，补充因内部果枝枯死而减少的结果面积，使产量稳定。一般树冠外围的延 长枝以剪去1/3~1/2为宜。

适当疏剪一部分花束状果枝，并对其余各类果枝进行短截，去除部分花芽，以避免盛果期产量的大幅度波动，同时可防止内部果枝的干枯。一般中果枝剪去 1/3，短果枝截去1/2。

回缩主侧枝上的中型枝和过长的大枝。对手指粗的中型枝，可回缩到2年生部位。这样，可以有效防止主、侧枝基部的小枝枯死，避免结果部位外移。

对于主轴达拇指粗的枝组，可回缩至延长枝的基部，使之不再延长。枝组上的1年生枝也应适当短截，以利于其增生新的果枝。对于基部小枝已开始枯死的大型枝组，则可回缩至2年生部位上的一个分枝处。结果枝组的更新，对于保证盛果期杏树取得高而稳定的产量具有重要作用；实行不同程度的回缩，也是保持各类枝组生命力的有效措施。

对主枝背上抽生的一些徒长枝，应及时进行摘心或反复摘心，使之转变成结果枝组，增加结果部位。对于树冠外围的下垂枝，宜在一个方向向上的分枝处回缩，以抬高其角度。对树冠内部的交叉枝、平行枝和重叠枝，可依具体情况或自基部去除，或回缩改造成枝组，以不过于密集、不妨碍透光为好。盛果期杏树常有枯死枝、病虫枝，应及时疏除或剪截。

注意树体达到一定高度时要及时进行落头，上部留枝量要适当，并应去除强旺枝，以缓和枝势；下部要去弱枝、留壮枝，以增强其生长势；树体外围也应适当少留枝，以促进后部的生长和结果，树体外围也应适当少留枝，以促进后部的生长的结果。

（四）衰老期树的修剪。

1. 衰老期树的生长特点

杏树进入衰老期的明显特征是树冠外围枝条的年生长量显著减小，只有3~5 cm长，甚至更短。而内部枯死枝不断增加，骨干枝中下部开始秃裸，结果部位外移，形成“一蓬伞”状。树冠内部萌生较多徒长枝。花芽不饱满，不完全花增多，落花落果严重，产量锐减。表现在树体骨干结构上也多是因风折、虫蛀和压伤使得大枝残缺不全、树冠失去平衡。

2. 衰老期树的修剪目的

对衰老期杏树进行修剪的目的是更新复壮、恢复树势和延长经济寿命。衰老期树修剪的主要内容是骨干枝的重回缩和利用徒长枝培养枝组。

3. 衰老期树的修剪技术

衰老期杏树的更新修剪，常需对大枝甚至主枝进行回缩，造成较大伤口，宜在早春发芽时进行，这样有利于伤口的愈合和隐芽的萌发。冬天锯大枝，伤口干裂，不易愈合，易招致病菌寄生，造成朽烂和流胶。

更新修剪的做法是按原树体骨干枝的主从关系，先主枝、后侧枝，依次进行程度较重的回缩。主侧枝的回缩程度掌握“粗枝长留，细枝短留”的原则，一般可锯去原有枝长的1/3~1/2。为了有利于锯口的愈合，锯口宜落在一个“跟枝”前面3~5cm处，“跟枝”应是一个较壮而且向上的枝条或枝组，“跟枝”也同时短截（见图6-8）。大枝的锯口要用利刀削平，伤口要涂上油漆或接蜡等保护剂加以保护。

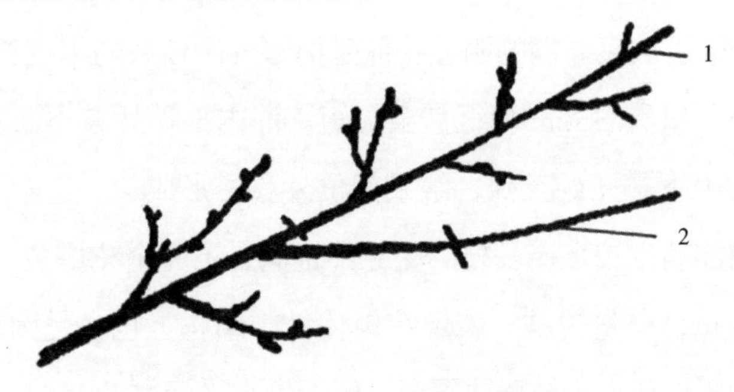

1. 回缩大枝；2. 跟枝的短截

图 6-8　大枝回缩留跟枝

老树除利用冬剪进行更新复壮外，还需要配合合理的夏剪、肥水管理等才能更快地恢复生长和结果，在干旱山区，更新后如不灌水，萌发的新芽则有可能“憋回去”。 不但起不到更新复壮的效果，反而会加速树体的衰亡。所以，宜在更新前的秋末，对衰老树施适量的基肥，并灌足封冻水。更新修剪后应结合灌水，追施些速效性肥料。 根据树体的大小，每株施速效氮肥0. 5~1.0 kg。

四、红梅杏不良树形的修剪

（一）放任树的修剪

这类树通常是骨干枝多，树形紊乱，大枝拥挤，小枝枯死，基部光秃，通风透光不好，结果部位外移严重，层次不清，主从不明，产量低而不稳，大小年严重。对这类树的改造方法是，清理过多的大小侧枝，即疏除过密、交叉、重叠的大枝，打开光路，使通风透光良好。选留5~7个方向好、生长旺盛的大枝作主枝。应注意，疏除大枝时，要分年份次进行，1年疏除1~2个，翌年再疏除1~2个，避免一年内造成伤口过多，影响树势。疏除外围枝和内膛枝组时，要先疏除枯死枝、弱枝和影响通风透光的外围枝。这样可集中养分，细致修剪。对树冠内膛发出的徒长枝和新梢要尽量保留，并加以利用，使其培养成枝组，以充实内膛。

（二）小老树的修剪

小老树多是由于栽培基础差和不良环境条件造成的。在修剪上要去弱留壮，切忌枝枝打头；多采用抹芽措施，尽量少去大枝，以减少伤口。除深翻、扩穴措施外，萌芽后还应多次根外追肥，以利于梢叶转旺，从而促进根系的新根发生。小老树以恢复树势为主，应尽量先恢复树势，少结果，要待树势恢复转旺后再转入正常结果。

（三）高接树的修剪

高接树是指由多年生坐地苗嫁接或改换良种嫁接的树。这种改接树由于树冠突然缩小，营养集中供应，因此，高接枝条成活后，生长异常旺盛，发枝能力强，副梢萌发率高且生长量大，枝粗叶大，生长期长，停止生长较晚。

在精细夏剪的基础上进行冬季修剪。冬剪要按整形要求，疏除密生枝交叉枝及砧木上萌发的新梢，以保持旺盛生长势，迅速扩大树冠，增加结果部位，尽快提高产量。高接树冬剪要在夏剪的基础上进行，夏剪及时到位，才能减少冬剪量，有利于树体的尽快恢复。

注意：无论哪个树龄和哪种类型的杏树，修剪都不能过重；疏除大枝时，要保留跟枝，分次疏除，以免诱发流胶病。

第七章　彭阳红梅杏的抗寒性及防冻保果技术

彭阳红梅杏开花早，花期极易遇晚霜、寒流危害，导致减产甚至绝收。因此，适宜的花期防寒措施，是实现红梅杏增产增收的重要保证。

一、寒害发生的生理基础

寒害按低温程度和受损情况，一般分为冷害和冻害两种。冷害是指当气温处在0℃以上的低温，引起的植物生理障碍，使植物受伤甚至死亡。冻害是指在温度下降到0℃以下时，植物体内发生冰冻，造成植物受伤甚至死亡。

（一）冷害发生的生理机理

在低温、剧烈变温等逆境条件下，植物细胞内正常的生理代谢受干扰破坏而趋于紊乱，产生过多的活性氧、自由基等，这些物质会直接或间接地启动细胞膜脂的过氧化作用，导致细胞膜被损伤或破坏，使透性增大，严重时导致细胞死亡，从而造成冷害发生。生理上常通过对丙二醛、过氧化氢酶、抗坏血酸过氧化物酶、过氧化物歧化酶等活性及细胞透性的测定，来了解植物细胞的受损情况。

（二）冻害发生的生理机理

冻害对植物的影响主要是由于结冰而引起的。结冰伤害的类型有两种，一种是细胞间结冰伤害，另一种是细胞内结冰伤害。

1. 细胞间结冰伤害

当温度慢慢下降到0℃以下，细胞间隙中细胞壁附近的水分结成冰，即形成胞间结冰。胞间结冰可使原生质过度脱水，破坏蛋白质分子，从而导致原生质凝固变性，造成对植物的伤害；另外，胞间结冰后冰晶体积过大时，会对原生质发生机械损害，且当温度回升、冰晶迅速融化后，细胞壁迅速恢复原状，而原生质却来不及吸水膨胀，常会使原生质被撕破，导致植物伤害。胞间结冰并不一定使植物死亡。

2. 细胞内结冰伤害

当温度迅速下降时，除了细胞间隙结冰外，细胞的原生质内和液泡内也相继结冰，在细胞内形成冰核，从而造成对细胞的机械损伤，导致植物的伤害。两种结冰对植物的伤害相比较，以细胞内结冰较为严重。细胞内结冰对植物的伤害往往是致死性的。避免细胞内结冰是植物避冻或耐冻的重要机制。生长中，红梅杏遇到的冷害较少，而花期和幼果期遇到的冻害较多。因此，预防花期、幼果期冻害的发生对于实现红梅杏的丰产和稳产十分重要。

二、花果期冻害发生的外部条件

造成红梅杏冻花、冻果的气候因素主要是寒流和晚霜。在我国北方地区，红梅杏开花时气温回升快，昼夜温差大，特别是杏树开花时经常受到西伯利亚和蒙古寒冷空气的袭击，大风伴随着降温，极易造成冻害。有些地区杏树虽已开花，但晚霜尚未结束，一旦出现倒春寒，也会形成晚霜冻害。花和幼果受冻的主要特征为：花瓣呈水渍状，花丝及花柱软塌，子房变褐，幼果果面结冰，果肉变成褐绿色，幼小种子呈红褐色。受冻花和幼果在受冻后3~5 d脱落。花期冻害与其他环境条件及栽培管理也密切相关。比如，凡地形开阔、地势高燥的地方，花期冻害较轻，海拔高、阴坡、风口处、低洼地则易受冻害；综合管理好、树体健壮、树势旺盛、树体营养水平高，则抵抗低温的能力也就相应地提高了。

三、红梅杏的抗冻性

红梅杏常在开花期和幼果期发生冻害。其中初花期受冻的临界温度为 −3.9 ℃，盛花期为 −2.2 ℃，坐果期为 −1.6 ℃，低于这个临界温度就会受冻害。彭阳红梅杏树的不同组织（器官）

对温度的适应性是不同的，树体器官的耐冻顺序是：树干>树枝>花芽>花朵>幼果。在同一低温条件下，彭阳红梅杏不同果枝花器官抗冻能力为：花束状果枝>短果枝>二次枝>发育枝>中果枝>长果枝。在同一低温条件下，花器官各部位的抗冻能力依次为：子房>柱头>花瓣。

四、霜冻预测及防霜冻措施

（一）霜害预测

做好霜害发生的预测工作，对于及时有效地采取防冻措施、减少损失具有十分重要的作用。生产上常用的霜冻简易预测法有下列几种。

1. 温度计预测法

将温度计挂在杏园，随时注意变化，当温度下降到2 ℃时，就可能快有霜冻出现，应准备及时预防。

2. 铁器预测法

铁器有着散热快的特点。晚上把它擦干放在地表，如果发现有霜在铁器上出现，就表明约1 h 后可能发生霜冻。

3. 湿布测霜法

将一块湿布挂于杏园北面，当发现上面有白色的小水珠时，表明约20 min 后可能有霜冻出现。

4. 观天法

上午天气晴朗，有微弱的北风，下午天气突然变冷，气温一直下降，半夜就可能有霜冻。白天刮东南风，忽转西北风，而晚上无风或风很小、天空无云，则半夜就可能有霜冻。连日刮北风，天气非常冷，忽然风平浪静，而晚上无云或少云，半夜也可能有霜冻。

（二）防霜冻措施

1. 选择有利地形

霜冻分辐射霜冻、平流霜冻和混合霜冻三种。平流霜冻和混合霜冻发生时气温下降较剧烈，一般防霜措施难以奏效。经常发生的地区，应从建园地点选择方面着手，选择不易发生霜冻的地点建园。

2. 推迟花期

早春天气变化很不稳定，寒暖交替，初暖乍寒。此时，杏休眠期已过，很容易在几天温暖之后萌芽，再突然碰到降温时极易发生冻害，而推迟花期在趋利避害上作用明显。推迟花期的具体方法有如下几种。

（1）早春灌水　红梅杏萌芽前，结合追肥进行杏园灌水，可降低地温，间接地推迟花期3~5 d。这项措施对花芽后期的发育也是十分有利的。灌水不但增加了土壤含水量，而且也降低了土壤的导热系数，使土壤温度变化稳定，从而增强了根系生长的活性和吸收能力，加快了营养物质的转化、输送和分配速度，使细胞内贮物处于溶解状态，增强了树体的抗性。

（2）地面覆盖　早春时期，用草等对红梅杏树冠下的地面进行覆盖，可以减少地面接收太阳热辐射量，减慢地温回升速度，从而推迟发芽期，使花期延后，有利于避开倒春寒。

（3）喷生长调节剂　使用生长调节剂类，如B9、乙烯利、萘乙酸及青鲜素（MH）等，于越冬前或萌芽前喷洒在树上，可以抑制萌动。如，使用青鲜素500~2 000 mg/kg，在芽膨大期喷施，可以推迟花期4~6 d，并使20% 以上的花芽免受霜冻；喷施布萘乙酸钾盐水溶液（250 ml 加水1 000 g），可推迟花期5~7 d；晚秋的10月中下旬，喷施100~200 mg/ L 乙烯利，可推迟花期2~5 d。

（4）树干涂白　春季进行主干和主枝涂白，可以减少树体对太阳热能的吸收，延迟发芽和开花。据试验，树干涂白可推迟花期3~5 d。也可在早春用7%~10% 石灰液喷布树冠，不仅使红梅杏花期推迟，而且对该地区土壤钙元素缺乏起到有效的补充作用（见图7–1）。

图7–1　树干涂白

3. 改善杏园小气候

在预测霜害来临之际，通过烟熏、喷水等改变杏园小气候，防止霜害的发生。

烟熏法：熏烟防霜的关键是要掌握霜冻发生的准确时间。烟熏法就是采用放烟雾的方法来防止霜冻。试验表明，熏烟能减少土壤热量的辐射散发，同时烟粒吸收湿气，使水气凝结成液体而放出热量，提高气温，从而达到防霜作用。烟熏放烟方法有两种，一种是烟堆放烟法，另一种是烟雾剂放烟法（见图7–2）。

图7–2 防霜放烟

（1）烟堆放烟法 将发烟材料，如枯枝落叶、杂草、麦秸等，堆放于杏园上风头，每堆大约用柴草25 kg，每亩杏园设

3~4个烟草堆，使烟雾要能够覆盖全园。在霜害来临之前要将烟堆事先做好，以备随时点燃。烟堆成本低，但应用时活动性差。有条件的地方可使用烟雾剂防霜。

②烟雾剂放烟法　将硝铵、柴油、锯末按3：1：6的重量比混合，分装在牛皮纸袋内，压实、封口，每袋装1.5kg，可放烟10~15min，控制2000~2670m^{2}杏园。烟雾剂也可按20%硝铵、15%废柴油、15%煤粉、50%锯末配制而成。使用时将烟雾剂挂在上风头，引燃即可。烟雾剂的优点是可随时灵活放置（见图7–3）。

图7–3　烟雾剂

4. 增强树体抗寒力

一般来说，树体的营养水平高，花芽的细胞液浓度就大，花的抗冻能力就强。因此，可通过加强土肥水及病虫害防治、整形修剪等管理措施，来提高树体的营养水平、增强树体抗寒力。

第八章 彭阳红梅杏 无公害生产的基本要求

一、无公害生产环境质量标准

杏无公害产地应选择在不受污染源影响、污染物控制在允许范围内的良好生态区域。产地环境达到《NY5013无公害食品 林果类产品产地环境条件》要求，水源、土壤、大气未受到污染。

（一）土壤质量要求

要求产地土壤元素位于背景值正常区域，周围没有金属或非金属矿山，且无农药残留污染。土壤质量应符合表8-1的要求。

（二）产地灌水质量要求

要求灌溉用水质量有保证，地表水、地下水水质清洁无污染，水域上游没有对产地构成威胁的污染源。灌溉用水质量指标应符合表8-2的要求。

表 8-1　土壤环境质量要求

单位：mg/kg

项　目	限　值		
	pH ＜ 6.5	pH6.5~7.5	pH ＞ 7.5
镉	0.30	0.30	0.60
汞	0.30	0.50	1.0
砷	40	30	25
铅	250	300	350
铬	150	200	250

注：以上项目均按元素量计，适用于阳离子交换量 >5 cmol（+）/kg 的土壤，若小于等于 5 cmol（+）/kg，其标准值为表内数值的半数。

表 8-2　农田灌水质量要求

序　号	项　目	指标 /（mg · L^{-1}）
1	pH	5.5~8.5
2	总汞	≤ 0.001
3	镉	≤ 0.005
4	砷	≤ 0.1
5	铅	≤ 0.1
6	氯化物	≤ 250
7	石油类	≤ 1.0
8	铬（六价）	≤ 0.1
9	氟化物	≤ 3.0
10	氰化物	≤ 0.5

（三）产地空气质量标准

要求红梅杏园周围没有大气污染，不得有毒、有害气体排放。红梅杏园的空气质量指标应符合表8–3的要求。

表 8–3 环境空气质量要求

项 目		限 值	
		日平均	1h 平均
总悬浮颗粒物（标准状态）/（$mg \cdot m^{-3}$）	≤	0.30	—
二氧化硫（标准状态）/（$mg \cdot m^{-3}$）	≤	0.15	0.5
二氧化氮（标准状态）/（$mg \cdot m^{-3}$）	≤	0.12	0.24
氟化物（标准状态）/（$\mu g \cdot m^{-3}$）	≤	7	20

注：日平均指任何 1 日的平均浓度；1 h 平均指任何 1 h 的平均浓度。

二、杏无公害产品质量安全标准

杏无公害产品质量安全应符合《NY/T696—2003鲜杏》及《GB2763—2016食品中最大农药残留限量》中的卫生指标要求，见表8–4。

表 8-4　杏产品质量安全要求

单位：mg/kg

项　目	指　标	项　目	指　标
镉	≤ 0.05	滴滴涕	≤ 0.05
铅	≤ 0.1	敌敌畏	≤ 0.2
多菌灵	≤ 2.0	辛硫磷	≤ 0.05
氧化乐果	≤ 0.02	杀螟硫磷	≤ 0.5
对硫磷	≤ 0.01	马拉硫磷	≤ 6.0
倍硫磷	≤ 0.05	甲拌磷	不得检出
2，4- 滴	≤ 0.05	阿维菌素	≤ 0.01
二氯百草枯	≤ 0.01	百菌清	≤ 0.05
苯线磷	≤ 0.02	二硫化碳	≤ 7.0
草甘膦	≤ 0.1	敌百虫	≤ 0.2
地虫硫磷	≤ 0.01	啶虫脒	≤ 2.0
多杀霉素	≤ 0.2	伏杀硫磷	≤ 2.0
氟吡禾灵	≤ 0.02	氟虫腈	≤ 0.02
氟硅唑	≤ 0.2	氟酰脲	≤ 7.0
环酰菌胺	≤ 10	甲胺磷	≤ 0.05
甲基硫环磷	≤ 0.03	甲基异柳磷	≤ 0.01
甲氰菊酯	≤ 5.0	腈苯唑	≤ 0.5
腈菌唑	≤ 2.0	久效磷	≤ 0.03
抗蚜威	≤ 0.5	克百威	≤ 0.02
乐果	≤ 2.0	联苯肼酯	≤ 2.0

续表

项　目	指　标	项　目	指　标
联苯三唑醇	≤ 1.0	磷胺	≤ 0.05
硫环磷	≤ 0.03	硫线磷	≤ 0.02
螺虫乙酯	≤ 3.0	氯虫苯甲酰胺	≤ 1.0
氯氟氰菊酯	≤ 0.5	氯菊酯	≤ 2.0
氯氰菊酯	≤ 2.0	氯唑磷	≤ 0.01
嘧菌环胺	≤ 2.0	嘧霉胺	≤ 3.0
灭多威	≤ 0.2	灭线磷	≤ 0.02
内吸磷	≤ 0.02	氰戊菊酯	≤ 0.2
噻虫啉	≤ 0.5	噻螨酮	≤ 0.3
杀草强	≤ 0.05	杀虫脒	≤ 0.01
水胺硫磷	≤ 0.05	特丁硫磷	≤ 0.01
涕灭威	≤ 0.02	戊唑醇	≤ 2.0
溴氰菊酯	≤ 0.05	亚胺硫磷	≤ 10
乙酰甲胺磷	≤ 0.5	蝇毒磷	≤ 0.05
治螟磷	≤ 0.01	艾氏剂	≤ 0.05
狄氏剂	≤ 0.02	毒杀芬	≤ 0.05
六六六	≤ 0.05	氯丹	≤ 0.02
灭蚁灵	≤ 0.01	七氯	≤ 0.01
异狄氏剂	≤ 0.05	甲基对硫磷	≤ 0.02
杀扑磷	≤ 0.05		

第九章　彭阳红梅杏常见病虫害的无公害防治

红梅杏树的病害有30余种，虫害有124种，它们有的危害根系，有的危害枝干，也有的危害叶果。这些病害和虫害时时威胁或破坏着红梅杏树体的正常生长，同时影响着红梅杏的产量和品质。因此，病虫害的防治，是保证树体正常生长发育、开花结果、实现高产稳产的重要措施。

一、红梅杏主要病害及其防治技术

红梅杏的主要病害有杏疔病、根腐病、褐腐病、流胶病、细菌性穿孔病等。

（一）杏疔病

杏疔病又名杏疔叶病、红肿病、叶枯病、树疔、杏黄病、娃娃病等。

1. 分布及危害

该病害主要危害杏树新梢、叶片，有时也危害花和果实。

在我国北方杏产区均有发生，以山坡地杏园最为严重，属真菌性病害。

2. 症状

新梢染病后生长缓慢或停滞，严重时干枯死亡。发病部位节间短而粗，幼叶密集呈簇生状。病梢表皮发病初期呈暗红色，后为黄绿色，其上有黄褐色突起小粒点，即病菌分生孢子器。叶片受害后变黄、肥厚，并从叶柄沿叶脉发展，明显增厚、呈肿胀状革质，与正常叶片区别明显。病叶在后期变成黑褐色，干缩于枝条上，经冬不落。花受害后，萼片肥大、不易开放，花萼及花瓣不易脱落。幼果受害后，生长停滞，果面出现黄色病斑，并产生红褐色小粒点，后期干缩脱落或挂在树上（见图9-1）。

图9-1 杏疔病

3. 发生规律

病菌以孢子囊在病叶中越冬，春季开花萌芽后，子囊孢子从子囊中放射而出随风传播到幼芽上，遇适宜温湿度即可迅速萌发，并随着新梢的生长在组织中蔓延。4~5月症状出现，到10月病叶变黑，并在叶背面产生子囊越冬。在生长期，病部产生的孢子无侵染作用。该病1年发生1次。

4. 防治措施

该病发生时间较集中，可抓住早春发芽的关键时期进行防治。

（1）灭除越冬病源。结合秋冬季修剪，剪除病枝病叶，清理杏园，集中烧毁或深埋，生长季节及时剪除病枝病叶。连续2~3年即可根除（见图9–2）。

图9–2　剪除病枝叶

（2）新梢开始生长后，喷布1∶1.5∶200的石灰多量式波尔多液。

（3）早春萌芽前喷5波美度石硫合剂，展叶后再喷0.3波美度的石硫合剂（见图9–3）。

图9-3 喷药防治

（二）根腐病

1. 分布及危害

根腐病主要危害苗木及幼树，特别是重茬地繁育苗木，易导致此病发生。此病分布于大部分杏产区，属真菌性病害。

2. 症状

病原菌为尖孢镰刀菌和茄属镰刀菌。病菌从须根侵染。发病初期，部分须根出现棕褐色近圆形小病斑。随病情加重，病斑扩展成片，并传到主根、侧根上。侧根、主根开始腐烂，韧皮部变褐，木质部坏死。地上部分随即出现新梢枯萎下垂，叶片失水，叶边焦枯，提前落叶，以至于枯萎猝死。

3. 发生规律

该病的病菌潜伏期较长。在苗圃内染病，当时并不发病，而在定植后病症发作。一般每年5~8月生长季度，地上部分出现症状。

4. 防治措施

（1）避免在重茬地上育苗、建园，及在大树行间育苗。

（2）苗木栽植前，用硫酸铜100~200倍液浸根10 min。

（3）病树灌根　灌根一般在4月下旬进行。即对已发病植株，若是大树，在树冠下距主干50 cm 处挖深、宽各30 cm 的环状沟，在沟中注入杀菌剂，然后把原土回填沟中；若是幼树，可在树根范围内，用铁棍钉眼，深达根系分布层，于眼中注入杀菌药剂；若是圃地幼苗，可用喷雾器喷药，重点喷施根颈部位。常用药剂有硫酸铜或45% 代森锌200倍溶液或2~4波美度石硫合剂。

（三）褐腐病

1. 危害

褐腐病又叫灰腐病、实腐病、菌核病主要危害果实，其次是叶片、花及新梢，属真菌性病害。

2. 症状

果实在接近成熟时最易感染此病，初侵染的病果产生圆形褐色斑，病斑下果肉变褐软腐，病斑上出现同心，轮纹状排列的数圈隆起白色和灰褐色的绒毛霉层，此即为分生孢子。病斑很快扩展至全果，病果脱落或失水干缩成褐色僵果。僵果是菌丝与果肉组织形成的大型菌核，可悬于枝头经久不落。幼叶受害后，幼叶边缘有水浸状褐斑，并萎垂，犹如受霜害一般。随后扩展至全叶，逐渐枯萎，但不脱落。花器受害，常自雄蕊及花瓣先端开始，先发生褐色、水渍状斑点，后渐延及全花，随即枯萎或软腐，干枯后残留枝上。枝受害时，先是菌丝通过叶柄蔓延到新梢，初期表现为长圆形灰褐色溃疡，边缘为紫褐色，中间凹陷流胶，皮层腐烂，严重时枝条枯死。

3. 发生规律

病原菌在僵果和病枝上越冬，病菌在僵果上可存活数年。春季病菌在越冬部位产生大量分生孢子，借风雨传播，并由皮孔、气孔及伤口侵染果实、叶片、花、枝条等器官。一般低温高湿环境易诱发此病。

4. 防治措施

（1）随时清理树上和树下的僵果和病果，清理杏园，剪除病枝，集中烧毁，以消灭病原。

（2）防治食心虫、椿象、卷叶虫等易造成伤口的害虫，减少病菌侵染的机会。

（3）落叶后至发芽前，喷施5波美度石硫合剂1次，消灭病菌。

（4）初花期喷施70%甲基托布津可湿性粉剂800～1000倍液。

（5）幼果期喷施代森锌可湿性粉剂500倍液，每15~20 d一次，共喷3次。

（6）果实采收后，喷50%退菌特800倍液，控制病菌对枝叶的感染。

（四）流胶病

1. 分布及危害

流胶病又名树脂病，主要危害枝干及果实，是一种非侵染性病害，由真菌、细菌引起，发生范围广泛。

2. 症状

枝、干受害后，在春季于发病部位流出淡黄色半透明松脂状的树脂，凝固后呈黄褐色、坚硬的块状胶体，粘在枝干上。流胶处常呈肿胀状，皮层和木质部变褐腐烂，进而被其他病菌所感染。随着流胶量的增加病情加重，叶片变黄，树皮开裂，枝干死亡，树势严重削弱，甚至引起全树枯死。果实流胶，多由害虫伤口引起，胶体从果核流出渗透里面，导致果实生长停滞。

3. 发生规律

在土质黏重，生长缓慢，树势衰弱时易发生。树体上的伤口是导致流胶的主要原因，如由虫害、日灼和机械损伤、雹伤、冻伤等引起的伤口，均能引发流胶病。

4. 防治措施

（1）加强杏园管理，改善土壤理化性质，提高土壤肥力，增强树势。

（2）防治虫害，防止冻害、日灼，减少枝干机械损伤。可用树干涂白剂涂白树干。

（3）早春发芽前刮除病部，伤口涂抹5波美度石硫合剂，然后涂伤口保护剂。

（五）细菌性穿孔病

1. 危害

细菌性穿孔病主要危害叶片，其次危害一年生枝和果实。可危害杏树、桃树等核果类果结。

2. 症状

被害叶片在染病初期发生不规则或圆形水渍状小斑点，扩大后呈红褐色或紫褐色，周围有黄绿色晕圈，病斑干后呈环状开裂，形成穿孔。若干病斑相连，可形成较大穿孔，严重时引起树体落叶。新梢染病后，受害部位产生水渍状褐色小疱，呈长圆形，病斑凹陷龟裂，随后多个病斑相连，并包围枝条，导致枝条干枯死亡。果实染病初期，先在果实上发生褐色水渍状小斑点，扩大后发展为暗褐色稍凹陷的病斑，病斑干燥后龟裂。病斑在潮湿条件下产生黄色黏液，内有大量细菌。

3. 发生规律

病菌在病枝组织内越冬，次年春季随气温回升开始活动，借风雨传播。从叶片气孔及枝条表面的皮孔侵入。幼嫩组织最易受感染。7~8月高温多雨季节易发生蔓延。

4. 防治措施

（1）加强栽培管理，合理施肥，科学修剪，改善通风透光条件，增强树势，提高树体的抗病能力。

（2）及时清除杏园内枯枝病叶、病果，并集中烧毁或深埋，以根除病源。

（3）早春萌芽前喷洒5波美度石硫合剂。

（4）展叶后喷洒0.3波美度或1∶2∶200硫酸锌石灰液2~3次。

（5）进入雨季之前喷洒65%代森锌500倍溶液或硫酸锌石灰液（硫酸锌0.5 kg+生石灰2 kg+水120 kg）。

（6）落叶后再喷洒5波美度石硫合剂。

（六）杏红点病

1. 分布与危害

杏红点病在东北部分地区发生较重，危害李、杏的叶片及果实。

2. 症状

叶片受害之初，叶面先出现橙黄色、近圆形的病斑，稍隆起，边缘清晰明显。随后病斑不断扩大，颜色逐步加深，发病部位的叶肉加厚，病斑上出现许多深红色小粒点，此为分生孢子器。到秋末，病叶变成红黑色，背面凸出，正面凹陷，使叶片卷曲，并露出黑白小点（埋在子座中的子囊壳）。重病的植株，叶片上病斑密布，叶色橙黄，造成早落叶。果实受害后，果面出现橙红色圆形病斑，稍微隆起，病斑边缘不十分清晰。后期呈红黑色，其上散生许多深红色小粒点。此病常造成果实畸形，导致脱落。

3. 发生规律

病菌在枯死叶片上的子囊壳内越冬，早春开花末期子囊壳破裂，散出大量子囊孢子，借风雨传播危害。该病由展叶期到9月均有发生，雨季最为严重。

4. 防治方法

（1）在开花末期和叶芽开放时，喷石灰倍量式波尔多液200倍液进行保护。

（2）加强果园管理，清除病叶、病果，并集中烧毁或深埋。雨季要注意杏园排水、中耕，以降低湿度。

二、红梅杏主要虫害及其防治技术

杏常见的虫害主要有杏仁蜂、介壳虫类、桃蚜、天幕毛虫、舟形毛虫、红颈天牛、黑绒鳃金龟、桃小食心虫、舞毒蛾等。

（一）杏仁蜂

1. 分布及危害

杏仁蜂属于膜翅目小蜂科。广泛分布于北方杏产区，危害树种有杏、桃。主要是蛀入杏核，蛀食杏仁。

2. 被害状

杏仁蜂以幼虫危害，在杏核内蛀食杏仁，可将杏仁吃光，造成果实干缩挂于枝上或大量落果，引起减产。

3. 形态特征

（1）成虫　雌成虫体长6~7 mm。翅膜质透明，翅展10 mm；头大而呈黑色，复眼深红色；触角9节、膝状，第一节特别长，第二节最短小，均为橘黄色，其他各节为黑色，并生有短毛；胸部及胸足基节黑色，其他各节橙色。胸部肥大；腹部橘红色，有光泽，产卵器发自腹面中前方、外露，呈深棕色。产卵管平时纳入纵裂的腹鞘内。雄成虫体较小，长3~5 mm，触角3~9节，上有成环状排列的长毛，腿节及胫节上杂有黑色，腹部黑色。

（2）卵　初产乳白色，近乳化时呈淡黄色。圆筒形，上尖下圆，长约1 mm，中间弯曲。因卵微小，剖开杏果肉眼难于看见。

（3）幼虫　乳白色，体长6~10 mm，长纺锤形，向腹部弯曲，无足；头淡褐色，头部有发达上颚1对，呈黄褐色，内有一颗很尖的小齿。

（4）蛹　为裸蛹，长6~8 mm，腹部占蛹体的大部。初化蛹呈乳白色，其后体色加深。雌虫腹部橘红色，雄虫腹部黑色。

4. 生活史及习性

1年发生1代，以老熟幼虫在落果及僵果核内越冬。次年春季4~5月化蛹，蛹期10余天，杏花谢后开始羽化，羽化后的成蜂在杏核内停留几天，随后咬破杏核钻出。成虫多在日出前出果，出果后停息1~2 h 开始飞翔。在幼果指头大小时成虫大量出现，并在树上交尾后产卵于向阳面尚未硬化的杏核内、核皮与核仁之间，每果只产1粒卵。1雌蜂可产卵20~30枚，卵期10余天。卵孵化为幼虫后，在核内蛀食杏仁。幼虫需脱皮4次，在6月初老熟，即在杏核内越夏、越秋、越冬，长达10个月之久。被害果于6月上旬脱落或干缩挂于树枝上。成虫在午前活动最活跃，早、晚不活动。

5. 防治措施

（1）拣拾园内受害落果、虫核，摘除树上僵果等，集中深埋或烧毁，以消灭越冬幼虫。

（2）深翻树盘　将落果埋入土中，使成虫不能出土。

（3）成虫羽化期，在地面撒3% 辛硫磷颗粒剂，大树每株100~500 g；或施25% 辛硫磷胶囊，每株30~50 g；或施50% 辛硫磷乳油30~50倍液，喷药后浅耙，使药土混合。

（4）落花后向树上喷20% 速灭杀丁乳油、20% 杀灭菊酯乳油2 000~3 000倍液，杀灭成虫，防止产卵。

（二）蚧壳虫类

危害杏的主要蚧壳虫有桑白蚧、梨圆蚧、球坚蚧、朝鲜球坚蚧、东方盔蚧。其中桑白蚧和梨圆蚧属于同翅目，盾蚧科，后三种属于同翅目，蚧科。

1. 分布及危害

蚧壳虫在西北、华北、东北等地均有发生，危害树种有杏、桃、李及苹果、梨等。该虫主要吸食枝条汁液，偶尔也在果实或叶上危害。

2. 被害状

蚧壳虫以成虫、若虫群集固定在枝条上吸食汁液，受害处皮层坏死后干瘪、凹陷，造成树势衰弱，受害严重的枝条干枯死亡。

3. 生活史及习性

（1）桑白蚧　每年发生2代。以受精雌虫在树枝上越冬。来年4月下旬至5月下旬产卵于母介壳下，5月上旬为产卵盛期。每只雌虫可产卵百余粒，雌虫产卵后干缩死亡。卵期约15 d。卵自5月初开始孵化，卵经1周孵化率达90%。初孵若虫在介壳下停留数小时后爬出，群集并固定于母体附近的枝干上吸食汁液，经5~7 d开始分泌棉絮状蜡粉，覆于体上（若虫由母体壳爬出至分泌蜡粉这段时间，是喷药防治的第一个关键时期），逐渐形成外壳。雄若虫经2次脱皮后化蛹，蛹期1周，然后羽化为成虫。雄成虫寿命仅1~2 d，羽化后便交尾。雌若虫经2次脱皮后，直接羽化成为成虫。雌、雄成虫交尾后，雄成虫1~2 d死去。雌成虫于7月上中旬产卵，卵约经10 d又孵化。8月上旬为第二代若虫孵化盛期（此时是喷药防治的第二个关键时期），到9月初发育为第二代成虫，经交尾后，以受精雌成虫在枝干上越冬。雌成虫越冬代平均产卵数120粒，多者达183粒，少的54粒。越冬成虫死亡率为10%~35%，其中在枝干北面的比南面的死亡率高。桑白蚧的天敌有软介蚜小蜂、红点唇瓢虫。

（2）梨圆蚧　每年发生3代，以受精雌虫或2龄若虫在枝干上越冬。来年3月中旬开始吸食，4月中下旬雄虫化蛹、羽化成虫，并交尾。5月中旬若虫胎生于雌虫母体下，每雌虫可产仔60只，产仔期1个月。若虫爬出介壳，到小枝或果上固定吸食，分泌蜡质，形成介壳，经3次脱皮变为成虫，继续危害、繁殖。

以后世代参差不齐。

（3）球坚蚧、朝鲜球坚蚧　1年发生1代，以幼龄若虫固着在枝干裂缝处和枝条上盖层蜡质越冬，来年4月初从蜡堆中爬出，并群集枝条上刺吸汁液，同时排出黏液。4月下旬雄若虫形成薄茧，化蛹茧中，5月初羽化为成虫。经交配后雌虫体形逐渐膨大、腹部凹入，体背向上鼓起呈半球形，介壳由柔软渐硬化。5月下旬产卵于介壳下，每只雌虫产卵1000粒左右。卵期约7d，初孵若虫从母体臀裂处钻出，爬行分散到枝、叶上，至秋末集中在枝条阴面和裂缝处越冬。

（4）东方盔蚧　每年发生2代，以若虫越冬，来年3月开始危害，4月下旬产卵于介壳下，每雌虫可产卵数百粒。若虫孵化后群集叶面、嫩枝吸食并排黏液，污染叶面、枝条，招致煤污病变黑。7月中下旬固定于枝干上产卵。8月中旬第二代若虫出现，10月下旬爬到枝条上越冬。

4. 防治措施

（1）早春发芽前，喷5波美度石硫合剂，或5%石油乳油。

（2）5月中旬，雌虫产卵前人工刮除。

（3）6月上旬，初孵化若虫从壳内爬出时，喷0.3波美度石硫合剂，或2.5%溴氰菊酯400倍液。

（4）保护利用天敌黑缘红瓢虫，尽量少施用广谱杀虫剂，以天敌治虫。

（三）桃蚜

桃蚜又名桃赤蚜、烟蚜、菠菜蚜，俗名腻虫、油汗等，属同翅目蚜虫科。

1. 分布及危害

该虫在东北、华北和西北地区均有发生，主要危害杏、桃、李及苹果等果树的叶片及果实。

2. 被害状

密集在嫩梢、叶片背面及果实上，吸食汁液，造成叶片向背面卷曲，影响新梢生长和花芽形成，导致叶片变黄脱落。果实受害后，生长受阻，果个小；造成结果树大量落果，降低产量，削弱树势。其分泌物污染叶面和果面。

3. 形态特性

（1）成虫　胎生有翅雌蚜体长1.8~2.1 mm，头、胸背面黑色，腹暗绿色，背面有黑斑。翅透明，翅管长6 mm。头部额瘤显著向内倾斜。无翅雌蚜体长1.8~2.0 mm，背面有深绿色斑块；腹管长，呈圆筒状；前端有黑圈，尾片锥形，短而突出；体色有黄绿、深绿、淡红、橘黄色。

（2）卵　长椭圆形，长径1.2 mm。初产时绿色，渐变黑绿色，最后呈黑色。

（3）若虫　体小，似无翅胎生雌蚜。

4. 生活史及习性

桃蚜在北方地区每年发生10代以上，以卵在树枝的腋芽、枝干皮层裂缝及小枝杈等处越冬。次年春季杏树萌芽时，冬卵孵化成若虫，若虫群居在幼芽、嫩叶处危害，吸食汁液，不断进行孤雌生殖，胎生无翅小蚜虫。基本每隔10~15 d 繁殖1代。5月上旬繁殖最快，并产生有翅胎生雌蚜，可迁飞到烟草、马铃薯、白菜、油菜等作物上繁殖危害。直到9~10月再生有翅蚜，飞回杏树、桃树上产生有性蚜，交尾后雌虫产卵越冬。

5. 防治措施

（1）结合冬季修剪，清除杏园内受害枝梢虫叶，集中深埋或烧毁，以降低虫口密度。

（2）发芽后树体喷布25% 溴氰菊酯乳剂3 600~4 000倍液，或8 000倍洗衣粉液或50% 抗蚜威可湿性粉剂2 500倍液。展叶后，用乐果涂抹树干，即绕树干刮除宽3~4 cm 的一圈粗皮，然后涂10份乐果乳油加7份水的稀释液，再用废纸包扎。

（3）杏园内不间作或附近不栽培油菜、烟草、白菜、马铃薯等作物。

（4）保护和利用瓢虫、草蛉等天敌。

（四）天幕毛虫

天幕毛虫又名梅毛虫、顶针虫等，属鳞翅枯叶蛾科。

1. 分布及危害

该虫分布于东北、华北、西北等地区，食性杂，以幼虫危害桃、杏、李、梨、苹果、山楂等多种果树和林木的嫩芽和叶片。

2. 被害状

幼虫群集叶上，吐丝结成网幕、取食嫩芽和叶片。

3. 形态特征

（1）成虫　雌成虫体长约20 mm，翅展30~40 mm，黄褐色，触角锯齿状，复眼黑褐色，前翅中部有赤褐色宽横带1条，横带两侧各有米黄色横线1条，后翅基部褐色，外部淡褐色。雄成虫略小，体长16~17 mm，翅展30~32 mm，黄褐色，复眼黑色，触角为双栉齿状，前翅有褐色横线两条，其余部分浅褐色，后翅有褐色横线1条，展翅后与前翅外横线相连接，缘毛黄白色和褐色相间。

（2）卵　灰白色，长约1.3 mm，直径0.8 mm，圆筒形，灰白色，绕枝梢集成环状卵块，排列整齐，似顶针状，每卵块有卵200~300粒。

（3）幼虫　体长17~20 mm，头部蓝黑色，散布着黑点，并生有淡褐色细毛，有1对黑纹，背线黄白色，两侧有橙黄色纵条纹各1条，各体节背面生有黑色毛瘤数个，瘤上有黄白色长毛，间杂黑色长毛；前胸盾片黄色，中部有1对黑斑，各气门线较宽，浅灰色，气门黑色。初孵幼虫黑色。

（4）蛹　长17~20 mm，初期黄褐色，后变为黑褐色。

（5）茧　黄白色，双层，长椭圆形，丝质表面附有黄色粉状物，一般附在叶背面树皮缝隙及杂草中。

4. 生活史及习性

1年发生1代，以孵化的幼虫在卵壳内越冬，翌年4月杏树展叶时破壳而出，取食嫩叶。并在小枝杈上吐丝结网群居其中。白天潜伏网中，夜间出来取食。附近的叶片吃完之后又迁到别处结网危害。幼虫蜕皮4次于网上，接近老熟时分散为害。幼虫突然受到振动时，有吐丝下垂和附地假死的习性，幼虫期45 d，5~6月老熟，吐丝卷叶或在蔽处结茧化蛹。蛹期10~15 d。6月上旬至7月成虫羽化，昼伏夜出，有趋光性，交尾后产卵于当年生枝端，每头雌虫产卵1~2块，卵完成胚胎发育后，以幼虫在卵壳内越冬。

5. 防治措施

（1）结合修剪剪除卵块，集中烧毁。

（2）利用幼虫有假死性的特性，可在白天震动树干，消灭幼虫。

（3）5~6月，可在幼虫期喷50% 马拉硫磷乳油1 000倍液或50% 辛硫磷1 000倍液或25% 溴氰菊酯800倍液。

（五）舟形毛虫

舟形毛虫也叫苹掌舟蛾、秋黏虫、拳尾虫。尾鳞翅目，舟蛾科。

1. 分布及危害

几乎全国各地均有分布，主要危害苹果、梨、桃、杏等叶片。

2. 被害状

舟形毛虫以幼虫咬食叶肉，残留叶脉和下表皮，被害叶呈网状；稍大龄时，食量大增，可将整个叶片吃光，仅剩叶柄。

3. 形态特征

（1）成虫　体长约27 mm，前翅浅黄白色，翅基部有紫褐色长椭圆形斑块，上覆1个银灰色小椭圆形斑。前翅外缘有6个并列的圆形斑块，联成一长带。翅面有4条浅黄褐色波状横纹；后翅淡黄色，近外缘有1条褐色斑带。复眼黑色，触角褐色。

（2）卵　近球形，直径约1 mm，初产淡绿色，后转黑色，数十粒在一起形成卵块，产于叶背面。

（3）幼虫　体长45~55 mm。初孵黄绿色，体上有黑色毛疣，刚毛长，头和前胸背板黑色，腹部末节有1对向后伸出的尾夹。老熟幼虫体背紫褐色，上有红、蓝、黄色纵形条纹，各节有黄白色长毛，腹面紫红色。静止时头、尾翘起似船。

（4）蛹　长20~23 mm，红褐色，全体布满刻点，尾端具2分叉的臀棘刺。

4. 生活史及习性

1年发生1代，以蛹群集在树下7cm深土层内或落叶、杂草、石块下越冬。翌年7~8月羽化为成虫，羽化盛期在7月下旬。成虫喜傍晚活动，有趋光性。成虫产卵于叶背面，数十粒排列在一起，卵期7 d。初孵幼虫群居于产卵叶背面，夜晚由叶缘向叶内取食叶片，幼虫有假死性，受惊则吐丝下垂，稍大后即分散活动，5龄时食量剧增。9月老熟幼虫沿树干下爬或吐丝下垂，入土化蛹越冬。

5. 防治措施

（1）人工捕杀 可利用幼虫群居和受惊坠地假死性，人工捕杀。或在幼虫分散前，及时摘除虫叶、杀灭幼虫。也可在树下放树叶、杂草，诱集幼虫，并集中烧毁。

（2）结合土壤施肥管理，在入冬前及早春，翻耕杏园、杀灭入土蛹。

（3）危害严重期，可喷80%敌百虫1 000倍液，或25%溴氰菊酯乳剂3 600~4 000倍液。

（六）红颈天牛

红颈天牛又名张脖老牛、钻木虫、铁炮虫。以幼虫蛀食树干，引起流胶，削弱树势，严重者造成枝干枯死，并易遭风折。本虫属鞘翅目天牛科害虫。

1. 分布及危害

该虫广泛分布于全国各省区，危害桃、杏、李、梅、樱桃、苹果、梨、柳等果树和林木的韧皮部和木质部。

2. 被害状

该虫以幼虫用咀嚼式口器取食韧皮部、木质部和形成层，蛀成弯曲的孔道，把虫粪排出孔外。破坏树体养分和水分的传输功能和分生组织，使树体死亡。

3. 形态特征

（1）成虫　体长28~37 mm，除前胸背板棕红色外，其余部分均为黑色，故称红颈天牛。头顶部两眼前有深凹，触角蓝紫色，基部两侧各有1叶状突起，鞘翅表面光滑，基部较前胸宽，后端较狭。雌虫体较大，头部及前胸腹面有许多横皱，触角超过虫体2节，体两侧各有1个分泌腺，受惊或被捉时喷射出具有恶臭味的白色液体。雄虫体较小，头部腹面有许多横皱，前胸腹面密布刻点，触角超过虫体5节。

（2）卵　乳白色，长椭圆形，长约1.5 mm。

（3）幼虫　初龄乳白色，老熟略带黄色，体长42~52 mm。前胸较宽，体前半部各节略呈长方形，后半部略呈筒形，两侧密生黄色毛。前胸背板前半部横列4个黄褐色斑，背面2个呈长方形。前缘中央有凹缺，两侧略呈三角形。胴部各节背面和腹面稍隆起，并有横皱纹。

（4）蛹　体长35 mm左右，初为乳白色，后渐变为黄褐色，前胸背板上有两排刺毛，两侧各有1刺突。腹部各节背面均有横行刺毛1排。

4. 生活史及习性

该虫2~3年完成1代。第一代当年以幼龄幼虫、第二年以老熟幼虫在蛀食的虫道内越冬。6~7月羽化为成虫，雨后最多，晴天中午成虫多停息在树干上不动。雌成虫遇惊扰即飞逃，雄成虫则多爬行躲避或自树上坠下。成虫寿命一般10 d，成虫出孔2~3 d 交尾产卵，交尾多次，常于中午在枝条间进行。卵产于树干树皮缝隙之中，产卵期5~7 d。卵经10 d 左右即孵化为幼虫，幼虫先在树下食害，长到30 mm 后蛀入韧皮部，当年在皮层中越冬。翌年春幼虫恢复活动，向下逐渐蛀食木质部，形成不规则虫道，入冬时幼虫在蛀道内越冬。第三年春继续危害，4~6月幼虫老熟，用分泌物黏结木屑，在蛀道内化蛹。幼虫历期两三个月。蛹室在蛀道末端，幼虫在化蛹前就已咬好羽化孔。被害树干的蛀孔外皮及地面上常堆积有排出的红褐色粪屑。

5. 防治措施

（1）在成虫羽化前进行树干和主枝基部涂白，防止成虫产卵。涂白剂为生石灰：硫黄粉：水 =10：1：40。

（2）6~7月间成虫出现时，用糖、酒、醋（10：0.5：1.5）混合液，诱杀成虫，或喷洒西维因可湿性粉剂150倍液，或25%溴氰菊酯乳剂3 600~4 000倍液。

（3）成虫发生期也可组织人工捕杀，特别是雨后晴天成虫最多。

（4）掏幼虫　将钢丝钩伸入排粪孔内，尽量达到底部，当发现钢丝转动由清脆变沉闷时，说明已钩住幼虫，轻轻拉出，之后用泥封堵虫孔。

（5）用注射器向排粪孔内注入敌敌畏500倍液，之后用泥堵死蛀孔。

（七）黑绒鳃金龟

黑绒鳃金龟又叫东方金龟子，俗称黑豆牛，属鞘翅目金龟甲科。

1. 分布及危害

该虫分布于西北、东北、华北、华中、华南地区，危害杏、桃、李、梨、苹果、桑及其他多种林木。

2. 被害状

该虫以成虫咬食危害花蕾、嫩芽、嫩梢，对新栽幼树危害最大，可在1~2 d 将嫩叶吃光，对结果期树严重影响产量。

3. 形态特征

（1）成虫　体长7~8 mm，宽4.5~5.0 mm，卵圆形，全身黑色，体表具丝绒般光泽。触角10节，赤褐色，鳃片部3节。前胸背板宽为长的2倍，前缘角呈锐角状向前突出，侧缘生有刺毛，前胸背板上密布细小刻点。鞘翅上各有9条纵沟纹，刻点细小而密，侧缘列生刺毛。前足胫节外侧有2齿，内侧有刺。后足胫节有21端距。

（2）卵　椭圆形，长1.2 mm，乳白色，光滑。

（3）幼虫　乳白色，3龄幼虫体长10~16 mm，头宽2.7 mm左右。头部前顶毛每侧1根，额中毛每侧1根。臀节腹面钩状毛区前缘呈双峰状；刺毛列由20~23根锥状刺组成弧形横带，位于腹毛区近后缘处，横带中央间隔断裂。

（4）蛹　长8 mm，黄褐色，复眼朱红色（见图9−4）。

图9-4 黑绒鳃金龟成虫

4. 生活史及习性

1年发生1代，以成虫在土中越冬，翌年4月杏园萌芽时出土为害。成虫飞翔力强，傍晚多围绕树冠飞翔，栖落取食，有假死性，交配盛期在5月中旬，雌成虫产卵于15~20 mm 深土中，卵散产或10余粒集中一处。5月下旬至6月上旬孵化，幼虫以腐殖质及少量嫩根为食。老熟幼虫在20~30 cm 深土层化蛹，蛹期11 d 左右。8月下旬至9月上旬羽化为成虫，并在土中越冬。

5. 防治措施

（1）利用假死性，于傍晚人工捕杀。

（2）成虫出土前，在树下撒施25% 辛硫磷胶囊剂或50% 辛硫磷乳剂掺20~30倍的土配制成的毒土。

（3）成虫大发生时，树上喷75% 辛硫磷1 000倍液或50% 高效氯氰菊酯5 000倍液。

（4）杏园养鸡，用鸡捕杀地下害虫及成虫。

（5）有条件的地方，可利用成虫的趋光性，设置黑光灯诱杀。

（八）桃小食心虫

桃小食心虫又名杏蛆、桃蛀虫，属鳞翅目蛀果蛾科害虫。

1. 分布及危害

该虫广泛分布于北方各省区，危害杏、桃、李、苹果、梨、枣等果树的果实。

2. 被害状

该虫以幼虫蛀咬杏果，幼虫在果内绕核串食果肉，将粪排在果内，形成“豆沙馅”。果内虫道充满虫粪，严重时蛀果率可达60%~70%。果顶有一明显蛀果孔，如针孔一样，孔周围呈现淡褐色，并稍凹陷。

3. 形态特征

（1）成虫　体长5~8 mm，翅展13~18 mm，体灰褐色，复眼红褐色，触角丝状。前翅灰白色。前翅中央靠近前缘部位有1个近似三角形蓝黑色大斑，翅基有3个蓝褐色斜立毛丛，中部有6~7个同样的毛丛；后翅灰色。雌蛾下唇须长而前伸如剑，雄蛾下唇须短而向上弯曲。

（2）卵　长椭圆形或桶形，深红色，以底部粘于果实上。卵壳上有不规则刻线，端部1/4处环生2~3圈“Y”形刺毛。

（3）幼虫　体长13~16 mm，体呈桃红色，头部褐色，前胸背板及臀板深褐色。腹足趾钩排成单序环，无臀栉。

（4）蛹　长6.5~8.6 mm，黄白色至黄褐色。蛹藏于茧内，茧有2种，分冬茧和夏茧。越冬茧呈扁圆形，直径约5.1 mm，由幼虫吐丝缀合土粒而成，质地十分紧密，幼虫居内越冬；夏茧纺锤形，长约7 mm，质地疏松，一端留有羽化孔（见图9-5）。

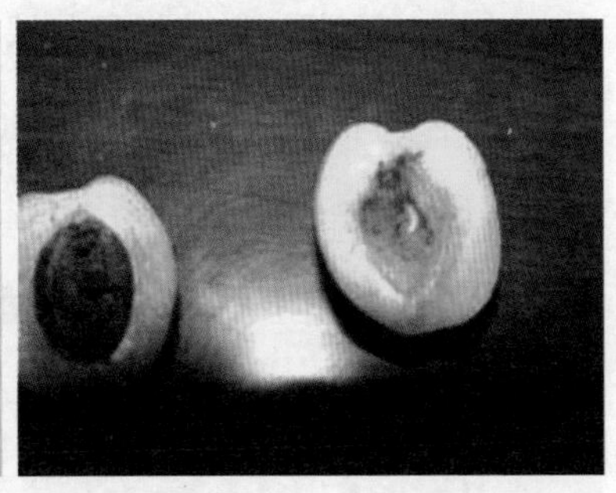

图9-5　桃小食心虫幼虫

4. 生活史及习性

1年发生1~2代。以老熟幼虫在土内作“冬茧”越冬，越冬场所多在树根颈部或距树干1 m 范围内，4~7 cm 深的土层内。越冬幼虫于5月中下旬、旬平均气温17℃、土壤湿度10% 时破茧出土，1~2 d 后在土壤表面阴暗隐蔽处及树干、石缝、杂草根旁结纺锤形夏茧化蛹，蛹期10~18 d，6月下旬羽化为成虫。成虫多在夜间交尾，产卵多在桃、杏、梨，苹果的果实萼洼处，每只雌蛾产卵50粒左右，卵期约7 d。6~7 d 后卵孵化为幼虫，在果面短时间爬行后蛀入果内，取食果肉，排出粪便。20 d 后老熟，于7月上中旬开始脱果，多数钻入土内做茧越冬。另有少数在土表做夏茧化蛹，7月中下旬羽化为成虫、产卵。第二代幼虫在果内危害至8月中、下旬脱果，延续至10月陆续入土越冬。由于越冬场所复杂，出土迟早差异很大，所以发生期不整齐，出现世代重叠现象，给防治工作带来很大困难。

5. 防治措施

（1）地面防治　掌握在越冬幼虫出土之前，在树冠下喷药。防治药剂有75% 辛硫磷300倍液，每亩用原药0.5 kg；或25% 辛硫磷胶囊剂，每亩用药0.10~0.15 kg；也可在树干周围覆盖地膜，使虫出土后不能化蛹而死亡（见图9–6，图9–7）。

图9–6　树盘覆膜防治

图9–7　树冠下喷药防治

（2）树上喷药　成虫羽化期，及时喷洒50% 辛硫磷乳油2 000倍液或50% 杀螟松乳油1 000~1 500倍液，可降低虫果率。也可于成虫孵化期，利用黑光灯或性诱素进行诱杀（见图9–8，图9–9）。

图9–8　诱杀成虫

（3）摘除虫果　于第一代幼虫脱果前（6月下旬开始），摘除受害虫果、拣拾落地虫果深埋，可消灭虫源。

图9-9　诱杀成虫

（4）生物防治　用顺-7-二十烯-11-酮和顺-7-十九烯-11-酮等两种药品，以100∶5的配比喷杀，可有效防治桃小食心虫。

（九）舞毒蛾

1. 分布及危害

舞毒蛾属鳞翅目毒蛾科。该虫广泛分布于我国西北、西南、东北及华东地区20多个省（区），是一种世界性害虫。危害杏、李、苹果、樱桃、山楂、柿、及杨、栎、柳、榆、桦和落叶松等多种树种。

2. 被害状

该虫以幼虫取食嫩芽和嫩叶，有时也啃食果实。体表有中空细毛，可借风力成群迁移到20~25 km之遥，危害很大，发生多时可将叶片吃光，使树势衰弱。此外，其幼虫虫体上毒毛在大量发生时常随风飘扬，能引起人的呼吸道、皮肤和眼睛痛痒发炎，成为局部地区流行性皮炎的主要病因。

3. 形态特征

（1）成虫　雌虫淡黄色，体长30mm左右，翅展60~75mm，触角锯齿状，黑色；前后翅灰白色，前翅有4条连接前、后缘的波状褐色短横纹，以中间第三条最明显，基线最短，翅中部近前缘处有一小型“>”状纹和一小黑点，后翅外缘有一条不明显的条纹。前后翅外缘均有7个黑色斑点；腹部肥大，尾部有浓密的淡褐色绒毛。雄虫体长15~20mm，翅展40~45mm，棕色，触角羽毛状，淡褐色，前后翅灰褐色，前翅上有5~6条深褐色齿状横线，前、后翅反面均有1个深褐色点；腹部细长，末端有毛束。

（2）卵　卵粒淡灰色，圆球形，形成卵块，每块有卵100~500粒，其上覆盖1层淡褐色细绒毛。

（3）幼虫　体长50~70mm，头部黄褐色，有1条深色“八”字纹。胴部各节均有大毛疣3对，背中央的1对毛疣及前5对为青蓝色，后6对为红色，最后1对较小，粉红色。

（4）蛹　褐色至黑褐色。雌蛹长2.6~3.7mm，雄蛹长1.8~2.7mm，体上有锈黄色毛束。

4. 生活史及习性

各地1年均发生1代，以卵在树干基部树皮裂缝及石块缝隙中越冬。4月下旬至5月上旬开始孵化，初孵幼虫具群集性，白天在叶背静伏，夜间取食活动，以嫩芽、嫩叶为食。遇惊则吐丝下垂随风飘荡，可借助风力传播蔓延；2龄以后分散危害，白天潜伏于树干裂缝或老树皮下，黄昏后成群结队爬上树取食。食料缺乏时，可成群迁移。雌、雄幼虫分别脱皮5、6次，约在7月初老熟，老熟幼虫在树上叶片间、枝条间及树干裂缝、老树皮下吐丝固定虫体化蛹，蛹期15 d。7月中下旬至8月上旬羽化为成虫，雌雄交尾当晚即可产卵，每只雌蛾产卵1~2块，每块200~300粒。产卵部位一般位于树干基部0.5~1 m 的树皮下，产卵后雌蛾将其腹部鳞毛覆盖于卵堆上，形如毛毡。严重发生时，曾发现有大批卵块集中成片，可达0.5 m^2。

5. 防治措施

（1）秋冬季节或早春刮除卵块，集中烧毁。

（2）成虫羽化期设置黑光灯诱杀。

（3）可利用幼虫上下树习性，在树干上绑草把，每天取下幼虫后再绑上，或在树下堆石块，白天将躲在石块下的幼虫杀死。

（4）抓住3龄以前幼虫多群居、抗药力小的特点，喷布80% 敌敌畏乳油800~1 000倍液，或50% 辛硫磷乳油1 000倍液，或40% 氧化乐果1 000~1 200倍液。

（十）山楂叶螨

山楂叶螨又名山楂红蜘蛛，属蛛形纲蜱螨目叶螨科。

1. 分布及危害

该虫分布西北各省，在陕西极为普遍，是果树生产的大敌。该虫对桃、杏、李、苹果、梨、山楂等均可造成危害。

2. 被害状

越冬成虫以刺吸式口器吸食叶片及嫩梢汁液，同时危害花蕾、花萼、嫩芽受害后，不能展叶开花或开花很小，重则发黄焦枯；叶片被害后最初呈现很多失绿小斑点，随后扩大成片，全叶枯黄脱落。不仅影响当年产量，而且导致次年采收。

3. 形态特征

（1）成虫　雌虫有冬型和夏型之别。体长0.5 mm，宽0.3 mm。前体与后体交界处最宽，体背前方稍隆起。背面可见刚毛26根。跗节尖端无爪。冬型体色鲜红，略有光泽；夏型褐色或紫红色，雄虫体长0.4 mm，宽0.25 mm，末端尖削，体背两侧有黑绿色斑纹2条。

（2）卵　圆球形，橙红色。

（3）幼虫　有足3对，体圆形，黄白色，取食后渐变淡绿色。

（4）若虫　有足4对，前期体背出现刚毛，并开始吐丝，后期可辨雌雄，雌虫体卵圆形，翠绿色；雄虫末端尖削。

4. 生活史及习性

每年发生代数受各地气候条件及其他因子影响而有明显差异，一般每年发生3~7代。以受精雌成虫在树干树皮裂缝内、粗皮下、伤痕及树干基部土块下越冬，也可潜藏在落叶、枯草下面越冬。翌年春天4月花芽萌动时出蛰危害花芽，展叶后转移到叶背吸食汁液，并吐丝结网。于5~6月开始产卵，卵多产于叶背主脉两侧及丝网上。卵经8~10 d 孵化为幼虫。在全年，由于生活史不整齐，致使各虫态同时存在，世代重叠。7~8月繁殖最快，数量最多，危害严重。雌螨亦可孤雌生殖，但所产之卵孵化后皆为雄性。10月产生越冬型成虫。

5. 防治措施

（1）树体发芽前喷3~5波美度石硫合剂。

（2）秋末在树干上绑草把，诱集越冬雌成虫，于早春取下烧毁。

（3）发芽前刮除主干及主枝上的翘皮、粗皮、集中烧毁。

（4）在越冬雌虫出蛰盛期及第一代卵孵化盛期喷洒20%三氯杀螨醇乳油1 000倍液，或35% 杀螨特乳油1 500倍液，或20% 灭扫利乳油4 000~6 000倍液，或800~1 000倍洗衣粉液。

第十章 彭阳红梅杏的采收分级与包装运输

一、彭阳红梅杏的采收与分级

（一）采收的时间

彭阳红梅杏采收的季节性非常强。对采收时间的掌控，与红梅杏的产量和质量有密切的关系。因此，必须按成熟度的标准和果品的产销与用途的要求，及时采收红梅杏。只有这样，才能获得理想的经济效益。

红梅杏果实内部物质的积累与外部形态变化有一定的相关性。一般来说，红梅杏采收过早，果实色泽浅、酸度大、果肉硬、无香气、品质差、产量低，营养物质积累不充分，达不到鲜食的标准要求；采收过晚，果肉变软，采收时机械损伤会加重，不耐贮运，影响果实的质量。因此，只有适时采收，才能获得丰产、优质和耐贮运的果实。

1. 红梅杏果的成熟度

按鲜食杏果的用途，可分为3个成熟度。

（1）可采成熟度　此时果实大小与体积已基本固定，但没有完全成熟，果肉仍较硬，应有的风味、色泽和香气还没有充分表现出来。

（2）食用成熟度　果实已基本成熟，表现出该品种的固有色泽和香味，营养成分含量已达到最高点，风味最佳。

（3）生理成熟度　果实在生理上达到完全成熟，肉质全成熟，果实肉质地松软，风味变淡，不宜食用，可供采收种子用。

2. 确定红梅杏果实成熟度的方法

（1）根据果皮的色泽　果实成熟时，果皮由绿色或深绿色变成黄色或青白色或红色，即达到该品种的固有色彩。这可作为确定果实成熟度的色泽指标，但不可作为确定果实成熟度的可靠指标。因为色泽的变化，受日光和土壤水分情况的影响较大。

（2）根据果肉的硬度　用果实硬度计测量果实硬度，若硬度降低，则标志果实已开始成熟。

（3）根据果实脱落的难易程度　果实成熟时，果柄和果枝形成离层，稍加触动，果实即可脱落。

（4）根据果实的发育天数　从盛花期到果实成熟的天数叫果实的发育期，彭阳红梅杏果实的发育期约为90 d。发育天数够了，果实也就成熟了。

确定红梅杏果实的适宜成熟度，不能只根据某一个指标来判定，因为果实的性状表现，受环境条件和栽培技术的影响较大。只有根据果实的生育期、色泽、硬度和口味等方面进行综合判断，才能比较准确地确定鲜食杏的成熟度。

3. 采收期的确定

红梅杏的采收期一方面要根据果实的成熟度，另一方面要看市场或加工需要、运输距离、天气变化和劳力安排等情况而定。

（1）产、销两地间较近时，杏果采收时的成熟度可高些，采收时间不要提早，使果实的色、香、味都可充分地表现出来，产量和品质均达到最高水平。

（2）当产、销两地距离较远时，所采杏果的成熟度要低些，采收时间要适当早一点，以减少运输途中的损失。

综合各方面的因素考虑，彭阳及其周边地区可在7月上中旬红梅杏成熟八成时开始采摘。

（二）采收方法

红梅杏成熟后果肉极易碰伤。因此，必须严格按采收顺序和采摘方法进行采收。采收时，在同一株红梅杏树内，应仔细由外向内、由下向上逐个采摘。杏果采摘后放入果篮内时，要避免碰伤，力求使果子完好无损。由于果实的成熟度不一致，采收时可分期、分批进行（见图10–1）。

图10-1 采收期的红梅杏外观

（三）果品分级

摘下的红梅杏极易软熟、碰伤，不耐挤压，因此必须及时分级和包装。分级时按级别标准拣出伤果、病虫果、小果和畸形果，并区分等级。参照《NY696—2003鲜杏》，可将红梅杏分为3级（见表10-1）。

表 10-1 红梅杏的果品分级

等 级	特等果	一等果	二等果
基本要求	果实基本发育成熟，果实完整，新鲜洁净，果肉无异味、不带非正常的外来水分，无刺伤、药害及病害。具有适于市场或贮存要求的成熟度		
色泽	具有本品种商品成熟时应具有的色泽		
果形	端正	比较端正	可有缺陷，但不可畸形
可溶性固形物	≥ 12.5%	12.4%~11.0%	10.9%~9.0%

续表

等　级		特等果	一等果	二等果
果面缺陷	磨伤	无	无	允许有轻微摩擦伤一处，面积小于 0.5 cm^2
	日灼	无	无	允许轻微日灼，面积不超过 0.4 cm^2
	雹伤	无	无	允许有轻微雹伤，面积不超过 0.2cm^2
	碰压伤	无	无	允许有碰压伤一处，面积小于 0.5 cm^2
	裂果	无	无	允许有轻微裂果，面积小于 0.5 cm^2
	病斑	无	无	允许有轻微干缩病斑，面积小于 0.1 cm^2
	虫伤	无	无	允许有干枯虫伤，面积不超过 0.1 cm^2
果实大小		直径 ≥ 4 cm	3 cm ≤ 直 <4 cm	2 cm ≤ 直径 <3 cm

注：1. 果面缺陷，二等果不得超过 3 项；2. 果实含酸量不得低于 0.6%。

二、彭阳红梅杏的贮藏、包装与运输

1. 包装

包装红梅杏时，采用好的包装材料和包装方法，不仅能减少杏果的损失，还可保持其质量，提高市场竞争力。目前，各地的包装材料不尽一样，但以纸箱、木箱和钙塑箱包装较好。

对需要长途运输和准备出口的果品，应用特制的瓦楞纸硬壳箱进行包装。包装时，箱内分格，每果裹纸，单独摆放，每箱净重以5~10 kg 为宜。为了便于市场销售，还可进行小盒包装，使之直接到达消费者手中，以减少分装的中间环节，避免造成果品损伤和耽误时间。要避免用竹条或荆条筐装杏果，以免碰伤果面，造成损失（见图10-2）。

图10-2　红梅杏的包装

2. 运输

红梅杏采收后，要及时运送到销售地，避免发生霉烂变质和造成损失。条件许可时，最好就近销售和加工。

无论采用何种方式运输红梅杏，在装卸过程中都要轻拿轻放。在运输过程中，要做到快装、快运和快卸，并注意通风，防止日晒雨淋。因此，可安排在早晨、傍晚或夜间运送，做到当日采收，当日运送。

运输车辆应保持清洁，不带油污及其他有害物质。最好采用冷藏车运输。进行冷藏运输时，红梅杏采收后要先预冷至5℃左右，然后装入冷藏车。运输时间为2~3 d 的，冷藏车内温度要求为0~3℃；运输时间为5~6 d 的，车内温度为0~2℃。

3. 贮藏

红梅杏果不耐贮藏，所以要求随采收随销售。若在销售前需要临时贮藏，则一定要把它放在温度较低、湿度适中的条件下，并注意防止日晒雨淋。有冷藏条件的，可将红梅杏果实放在温度为0~0.6℃，相对湿度为90% 的条件下贮藏，一般可贮藏7~14 d。

第十一章 彭阳红梅杏品牌打造与保护

一、彭阳红梅杏品牌

（一）地理标志商标图案

（二）标志图标释义

1. 通过对彭阳县农业地理环境分析，抓住最典型的环境可分为梯田、六盘山、河流灌溉等。

2. 考虑到单独表现红梅杏单调，我们换位表现它的生长环境，彭阳红梅杏是彭阳县的特产，更重要的是中国国家地理标志产品。因此把红梅杏和生长环境结合起来作为图标的主画面。

3. 红梅杏的立地条件是在海拔1248~2418 m，彭阳县有梯田，有河流，有充足的光照，最适合红梅杏的生长。

4. 标志由彭阳打头字母“P”“Y”抽象表现组合而成，结合红梅杏、梯田、河流，释义在梯田和河流上生长的彭阳红梅杏。

5. 标志整体简洁易懂，标志标准色由绿色、红色、蓝色构成，直观体现出绿色、环保、健康。

二、彭阳红梅杏地理标志

彭阳红梅杏地理标志防伪图案

三、彭阳红梅杏品牌保护措施

彭阳红梅杏申报中国地理标志产品保护，是为进一步加强对彭阳红梅杏原产地的保护，进一步发展红梅杏产业和规范产品销售市场秩序，提升彭阳产区品牌形象，进一步促进彭阳县脱贫致富和经济社会持续健康快速发展，制定彭阳红梅杏产品保护措施十分必要。

（一）成立彭阳红梅杏地理标志保护领导小组

由政府副县长任组长，县市场监督管理局局长和县自然资源局马长任副组长，县政府办主任、财政局局长、自然资源局分管副局长和市场监督管理局分管副局长为成员的彭阳红梅杏地理标志保护领导小组，办公室设在县市场监督管理局，市场监督管理局马长兼任办公室主任，全面负责协调彭阳红梅杏地理标志产品日常保护工作。

（二）严格产品质量标准

按照《地理标志产品》《彭阳红梅杏地方标准》切实提升产品质量水平，保障产业持续健康发展，进一步提高产品知名度和市场占有率，建立质量安全追塑体系，实行五统一，即：统一品种、统一农资、统一技术规范，统一包装，统一品牌销售，形成生产、销售、贮藏、运输、包装一体化的经营模式。发展无公害绿色优质果品。引导和规范企业使用地理标志保护产品防伪专用标志，积极提升专用标志注册使用率，全面提升红梅杏产品效益。对符合标准的红梅杏全部实行保护产品防伪标志出售，杜绝不合格产品及其他地区类似产品以次充优或冒充彭阳红梅杏品牌的行为。

（三）制定切实可行的彭阳红梅杏防伪标签使用管理办法

彭阳红梅杏防伪标签使用管理办法

（试行）

彭阳县市场监督管理局

彭阳县自然资源局

第一章　总则

第一条　为保护彭阳红梅杏产品，提升品牌影响力，规范彭阳红梅杏产品质量，严格控制产品流通，防止以次充好，依据彭阳红梅杏产品管理办法执行本办法。

第二条　彭阳红梅杏品牌保护防伪信息服务平台利用变量二维码及后台数据库系统，从源头对商品进行跟踪监管。

第三条　在彭阳县域流通的彭阳红梅杏产品加贴品牌保护

产品防伪专用标识，彭阳县市场监督管理局和彭阳县自然资源局对标签的使用操作进行监督管理，对商品提供商使用防伪标签过程中的违规行为进行处罚。

第四条 涉及会员单位、商品提供商、指定交割仓/厂库、第三方监管机构、指定结算银行以及相关人员均应遵守本办法。

第二章 系统构成

第五条 彭阳红梅杏品牌保护防伪信息服务平台由变量二维码防伪标签、防伪信息平台、产品信息数据库组成。

第六条 利用微信或者 QQ 等扫一扫工具读取二维码防伪信息。

第七条 防伪标识

（一）防伪标识由带银浆涂层的查询二维码、物流标签序列号的标识组成。

（二）在彭阳红梅杏产品外包箱上加贴60 mm × 45 mm 的彭阳红梅杏品牌保护产品防伪专用标识标签。

第八条 防伪标识标签数据信息

（一）标签中的防伪查询码具有唯一性、可扩展性，查询码隐藏于涂层下，刮开涂层，通过手机微信、QQ 等具有二维码扫描的应用，扫描防伪二维码实现商品的防伪查询、投诉及产品互动。

（二）物流标签序列号采用可扩展的编码方式与防伪二维码进行一一对应，记录使用者信息实现标签跟踪管理。

第九条　系统管理各方职责

（一）商品提供商负责收集商品信息、标签粘贴，并基于《中国西部中小企业防伪物流追溯公共服务平台》进行防伪信息管理。

（二）由宁夏世纪信通信息安全有限公司负责设计制作防伪标签，并基于《中国西部中小企业防伪物流追溯公共服务平台》实现防伪二维码的生成、产品信息、防伪数据的管理和维护。彭阳市场监督管理局、彭阳自然资源局进行使用监督。

第三章　防伪标签的申领

第十条　凡在上市交易的彭阳红梅杏产品，应加贴品牌保护产品防伪专用标识。彭阳红梅杏产品提供商申请防伪标签流程如下：

（一）企业提供的产品必须是彭阳县区域生成的产品并提供相关证明由彭阳自然资源局进行审核。

（二）审核通过的企业，申请使用标识数量，核定后记录物流编码，发放对应数量的标签。

第十一条　企业领取的防伪标签仅限本企业自有商品使用，禁止不同企业之间调换、转赠、售卖标签。

第四章　防伪标签的贴合

第十二条　防伪标签的贴合场所应为产品所指定生产地点。所有上市商品销售前，必须完成标签粘贴。

第十三条　防伪标签贴合位置注意事项：

（一）防伪标签应贴在商品正立外表面容易识别、可直接触摸位置。商品提供商应根据商品不同包装类型确定贴合位置，具体规定如下：无包装盒的商品，应将标签贴在包装袋或包装箱的封口或正面；有包装盒的商品，应将标签贴在盒盖与盒身可揭开方向的衔接位置；特殊包装的商品，商品提供商应与彭阳红梅杏产品所协商确定防伪标签的贴合位置。

（二）所粘贴的防伪标签不能被包装盒/袋上的其他标志全部或部分遮挡。

（三）防伪标签应贴合于平整表面，并粘贴牢固，防止转移。

第五章　数据库管理

第十五条　本次彭阳红梅杏品牌保护防伪信息服务平台所有数据及数据库均由宁夏世纪信通信息安全有限公司进行维护管理并承担相关责任。

第六章　违约处理

第十六条　商品提供商应当自觉遵守本管理办法和国家相关各项法律法规的规定。

第十七条　以下行为属于违法、违规行为：

（一）伪造和使用伪造防伪标签。

（二）未经授权转移、转让、销售防伪标签。

（三）对未经审批的商品加贴防伪标签。

（四）在防伪信息系统中提供与事实不符的数据信息，或未经允许擅自更改、删除系统信息。

（五）故意将防伪标签使用于质量不合格商品。

（六）利用贴有防伪标签的商品从事涉嫌违法的行为。

第十八　条防伪标签的使用和数据库进行定期审查，针对违规情形采取违约金处罚、商品退市、终止合作方式等处罚措施。

第七章　争议解决

第十九条　消费者、商品提供商在防伪标签使用过程中发生争议时，可自行协商解决，也可向 申请调解。若争议各方协商不成或未达成调解协议的，由争议各方依法解决。

第二十条　调解协议经当事人确认、签章后生效。

第八章　附则

第二十一条　本管理办法由彭阳市场监督管理局、彭阳县自然资源局负责解释和修订。

第二十二条　本管理办法自发布之日起施行。

2019年12月25日

附录一

ICS 67.080.10 B 31

DB64

宁夏回族自治区地方标准

DB64/ T1641—2019

地理标志产品　彭阳红梅杏地方标准

2019-07-12发布　　2019-10-12实施

宁夏回族自治区市场监督管理厅　发布

前 言

本标准根据原国家质量监督检验检疫行政部门颁布的《地理标志产品保护规定》及GB/T17924《地理标志产品标准通用要求》制定。

本标准是按照GB/T1.1—2009《标准化工作导则第1部分：标准的结构和编写》给出的规则起草。

本标准由彭阳县人民政府提出。

本标准由宁夏回族自治区市场监督管理厅归口。

本标准实施单位：彭阳县市场监督管理局、彭阳县自然资源局等单位组织实施。

本标准主要起草单位：彭阳县金凯杏子营销农民专业合作社、彭阳县自然资源局、彭阳县林业技术服务中心、宁夏食品安全协会、宁夏食品检测研究院、彭阳县市场监督管理局。

本标准主要起草人：徐虎、张慧玲、袁仁、陈克斌、韩占良、张学玲、李建荣、吴明、樊桂红、季瑞、方登伟、安海军、雷丽萍、贯生舜、魏国宁、陈春玲、张杰、杨伟、相建德、赵娟、翟红霞、王爱琴、马占芳、张军、韩志琦、马秉鑫、时彩武。

地理标志产品　彭阳红梅杏

一、范围

本标准规定了彭阳红梅杏的术语和定义、地理标志产品保护范围、自然环境、要求、检验方法、检验规则、包装、标志、运输及贮存。

本标准适用于原国家质量监督检验检疫行政主管部门根据《地理标志产品保护规定》批准保护的彭阳红梅杏。

二、规范性引用文件

下列文件对于本文件的应用是必不可少的。凡是注日期的引用文件，仅所注日期的版本适用于本文件。凡是不注日期的引用文件，其最新版本（包括所有的修改单）适用于本文件。

《GB2762　食品安全国家标准食品中污染物限量》

《GB2763　食品安全国家标准食品中农药最大残留限量》

《GB5009.8　食品安全国家标准食品中果糖、葡萄糖、蔗糖、麦芽糖、乳糖的测定》

《GB/T12456　食品中总酸的测定》

《HJ555　化肥使用环境安全技术导则》

《NY/T393　绿色食品农药使用准则》

《NY/T1778　新鲜水果包装标识通则》

《NY/T2637　水果和蔬菜可溶性固形物含量的测定折射仪法》

国家质量监督检验检疫总局令（2005）第75号《定量包装商品计量监督管理办法》

国家质量监督检验检疫总局公告[2005]第78号《地理标志产品保护规定》

三、术语和定义

下列术语和定义适用于本文件。

1. 彭阳红梅杏

在本标准第4章规定范围内、在第5章自然环境条件下，按本标准第6章要求生产的彭阳红梅杏。

2. 成熟

果实完成生长发育阶段，体现出果实的色泽、风味等固有基本特征。

3. 新鲜

果实无失水皱皮、色泽变暗等。

4. 洁净

果实表面无明显尘土、污垢、药物残留及其他异物。

5. 异味

异味指果实吸收其他物质的不良气味或因果实变质而产生不正常的气味和滋味。

6. 果形端正

果形端正指果实没有不正常的明显凹陷和突起以及外形偏缺的现象，反之为畸形果。

7. 单果重

单果重指单个果实的重量，是确定果实大小的依据，以克（g）为单位。

8. 不正常的外来水分

果实经雨淋或用水冲洗后在表面留下的水分，不包括由于温度变化产生的轻微凝结水。

9. 病害

病害分为生理性病害和侵染性病害。生理性病害有果肉褐变、裂果、冷害等。侵染性病害有褐腐病、疮痂病、炭疽病、细菌性穿孔病等。

10. 虫果

虫果指经食心虫危害的果实，果面有虫眼、周围变色，害虫入果后蛀食果肉或果心，虫眼周围或虫道中留有虫粪，影响食用。

四、地理标志产品保护范围

彭阳红梅杏地理标志产品保护范围限于原国家质量监督检验检疫行政主管部门根据《地理标志产品保护规定》批准的范围，即彭阳县现辖行政区域内，见附录A。

五、自然环境

1. 地貌特征

彭阳县地处黄土高原西端，地形由西北向东南呈波状倾斜，其特征为梁峁起伏、沟壑纵横、河谷残塬相间，沟头塬边切割深而明显，河岸坍塌活跃。黄土丘陵为县域主要的地貌类型。海拔为1 248 m～2 418 m。由于受河水切割、冲击，形成丘陵起伏，沟壑纵横，梁峁交错，山多川少，塬、梁、峁、壕交错的地理特征，属黄土丘陵沟壑区。

2. 日照

年平均日照时数2358.3 h，年总辐534.24 kJ/cm^2。

3. 气温

年平均气温7.4 ℃～8.5 ℃，≥0 ℃积温3 000 ℃～5 000 ℃，≥10 ℃积温2 500 ℃～2 800 ℃，无霜期140 d～170 d。

4. 降水

年平均降水量350 mm～550 mm，降水集中在每年7月～8月。

5. 土壤

土壤分为黑垆土、灰褐土、缃黄土、新积土4个土类。

6. 水源

境内地表水主要来源于大气降水和地下水，年平均径流总量1.3亿m^3。主要河流有红河、茹河和蒲河三条河流。地下水来源于外围山区的地表水和境内降水入渗。地表水与地下水互相补充，年重复水量约为6 900万m^3，全县地下水天然资源量每年为757.5万m^3，可利用水量592万m^3。占地下水资源量的78.20%。

六、要求

1. 种植要求

（1）品种

红梅杏。

（2）立地条件

海拔1248m～2418m，土壤质地以缃黄土、黑垆土为主，pH6.8～7.6，土壤有机质含量≥0.94%，土层厚度≥30cm。

2. 栽培管理

（1）苗木培育

以本地一年生山杏苗为砧木进行嫁接繁殖。

（2）栽植时间

3月中旬至4月上旬或10月上旬至10下旬。

（3）栽植密度

根据立地条件，每公顷栽植株数为840株（株行距3m×4m）或1245株（株行距2m×4m）。

（4）施肥

每年每公顷施腐熟有机肥≥30 t。

（5）树形采用自然圆头形、疏散分层形、自然开心形或者自由纺锤形。冬季以疏枝、短截为主，夏季以拉枝、摘心为主。

（6）产量控制

盛果期每公顷产量≤21 t。

（7）环境安全要求

①农药使用

应符合 NY/T393的规定。

②化肥使用

应符合 HJ555的规定。

（8）采收

6月下旬至8月上旬，果实阳面颜色变红即可采收。

3. 质量要求

（1）感官要求

应符合表1规定。

表1　感官要求

项　目	要　求
基本要求	果实基本发育成熟，果实完整、新鲜洁净，果肉细腻多汁，酸甜可口，无异味，不带非正常的外来水分，无病害、虫果，无碰伤或者压伤
果形	果形端正，果实外形近似圆形
色泽	果皮阳面呈红色，阴面呈黄色

（2）理化指标

应符合表2规定。

表2　理化指标

项　目	指　标
可溶性固形物 a /（$g \cdot 100 g^{-1}$）	≥ 13.5
总糖 b（以转化糖计）/（$g \cdot 100 g^{-1}$）	≥ 8.1
总酸 c（以柠檬酸计）/（$g \cdot 100 g^{-1}$）	≤ 1.2
单果重 /g	40 ± 3.6

注：a、b、c 均指可食部分

（3）安全要求

安全指标应符合 GB2762、GB2763及有关规定。

七、检验方法

1. 感官特性

采用目测、鼻嗅、口尝的方法检验。

2. 可溶性固形物

按 NY/T2637规定执行。

3. 总糖

按 GB5009.8中第二法规定执行。

4. 总酸

按 GB/T12456规定执行。

5. 单果重量

取20粒单果，用感量0.01g 天平分别称取单果重量，计算平均值。

6. 安全要求

按 GB2762、GB2763规定执行。

八、检验规则

1. 组批

同一产地、同时采收的彭阳红梅杏作为一个检验批次。

2. 抽样

以一个检验批次为一个抽样批次。抽取的样品应具有代表性，应在全批货物的不同部位随机抽取。

3. 抽样数量

一批产品在50件以内的抽取2件，50件～100件的抽取3件，100件以上者，以100件为基数，每增加100件增抽1件。在检验中如发现质量问题，应加倍抽样复检验。

4. 交收检验

每批产品交收前，应进行交收检验，其内容包括：感官、净含量、包装、标志的检验，检验合格后方可交收。

5. 判定规则

检验如有不合格项，可在同批产品中加倍抽样对不合格项目进行复检，以复检结果为准。

九、包装、标志、运输、贮存

1. 包装

包装按 NY/T1778规定执行。包装定量允许误差应符合原国家质量监督检验检疫总局令（2005）第75号的规定。

2. 标志

（1）按 NY/T1778规定执行。

（2）凡是执行本标准的产品均应按本标准规定的名称标注。

（3）地理标志产品标志的使用应符合原国家质量监督检验检疫总局公告 [2005] 第78号及相关规定。

3. 运输

（1）验收后的果实应尽快入库贮藏或运输到销售地。

（2）运输工具应清洁卫生，严禁与有毒有害或有异味的物品混装、混运。装卸时轻装轻卸，防止碰压。

（3）运输过程中防止烈日曝晒、雨淋，注意防热、防压。

4. 贮存

需贮存的杏果应在成熟时采收，贮存前应预冷至1℃ ±0.5℃。贮存场所应清洁卫生，不得与有毒、有害及有异味的物品一起贮存。不得落地或靠墙，应加强防蝇和防鼠措施。

附录二

杏树周年管理工作历

时　间	物候期	作业项目	管理内容、措施和要求
12 月至翌年 2 月上中旬	休眠期	整形修剪、病虫害防治	1. 对幼树按标准树形要求进行整形修剪，加速扩冠，实现早期丰产。对盛果期树，控制上强和外强，实现通风透光，立体结果，控制负载量，延长盛果期年限。对衰老期树进行更新复壮。对骨干枝进行重回缩，利用徒长枝培养结果枝组。 2. 剪除病虫枝，集中烧毁或深埋。
2 月下旬至 3 月中下旬	萌芽期	病虫害防治、开花前施肥和浇水	1. 对主干、主枝刮皮，刮除其中的越冬虫卵，集中烧毁或深埋。 2. 用硬毛刷等刷除枝条上各种介壳虫虫体，集中烧毁或深埋。 3. 芽萌动早期喷 3~5 波美度石硫合剂，介壳虫严重的果园喷 5% 机（柴）油乳剂 100 倍液。 4. 花芽膨大期追施适量速效氮肥，并灌水，以提高树体营养水平，提高花芽质量和坐果率。
3 月下旬至 4 月初	开花期	人工授粉、放蜂、喷营养液、防冻保花	1. 缺少授粉树时进行人工授粉，在盛花期进行点授、抖授和液体（花粉 25g，白糖或砂糖 25g，尿素 25g，硼砂或硼酸 25g，水 12.5L，豆浆少许）喷授。 2. 放足量的蜜蜂或壁蜂，提高坐果率。 3. 喷布 0.3% 硼砂（硼酸）、0.3% 尿素、0.3% 磷酸二氢钾溶液，提高坐果率。 4. 及时观察杏园温度，遇到低温时采用熏烟或灌水等方法防冻。

续表 1

时　间	物候期	作业项目	管理内容、措施和要求
4 月上旬至 5 月上旬	落花后至果实第一次速长期、新梢旺长	疏果、追肥、灌水、夏剪、病虫害防治	1. 坐果过多时在落花后半月左右疏果，留果量按果枝类型花束状果枝和短果枝留 1 个果或不留果，中果枝留 1~2 个果，长果枝留 2~4 个果，或按果间距留果。 2. 追施花后肥，以速效氮肥为主，配合少量的磷、钾肥，补充幼果生长的营养需要，提高坐果率，促进根系和新梢生长。 3. 硬核前追肥，以速效氮肥为主，配合适量磷、钾肥，促进花芽分化、果实膨大和种核发育。 4. 灌水，每次追肥后及时灌水，以促进根系吸收。果实膨大期和硬核期遇干旱时及时灌水，以促进幼果膨大，硬核期灌水还可促进花芽分化，灌水后及时中耕除草。 5. 夏剪，落花后及时抹除位置不当和数量过多的嫩芽，以后及时对徒长枝等有发展空间的长枝等进行拉枝开角和摘心，改造成结果枝组。 6. 在蚜虫为害前期，最晚在卷叶前喷布 10% 吡虫啉可湿性粉剂 3 000~5 000 倍液 +4.5% 高效氯氢菊酯乳油 1 500~2 000 倍液，或 5.7% 甲氨基阿维菌素乳油 1 500~2 000 倍液，防治桃蚜，并兼治其他害虫。 7. 结合喷药，叶面喷施 0.3% 尿素、0.2% 磷酸二氢钾溶液。

续表 2

时　间	物候期	作业项目	管理内容、措施和要求
5 月下旬至 6 月中旬	早熟和中熟品种成熟、新梢旺长	采前追肥、病虫害防治、采收、夏剪	1. 采收前 15~20 d 追施速效性钾肥，配合少量氮肥，促进果实第二次迅速膨大，提高果实含糖量和花芽分化质量。继续进行夏剪。 2. 采前 20 d 以上或采后喷 1.8% 阿维菌素乳油 4 000~5 000 倍液，或 15% 哒螨灵乳油 2 000~3 000 倍液加菊酯类农药防治山楂红蜘蛛，兼治其他害虫如杏仁蜂、杏象甲、桃小食心虫、桃蛀螟等。 3. 根据果实成熟期和用途分期分批采收杏果。 4. 在红颈天牛成虫产卵之初树干刷涂白剂防止其产卵。
6 月下旬至 7 月上旬	晚熟品种成熟、新梢旺长、花芽分化前期	早中熟品种采后追肥、采后喷药、夏剪	1. 采果后追肥，以速效磷、钾肥为主，并配合少量氮肥，以补偿树体营养物质亏空，恢复树势，促进后期花芽分化。 2. 喷药防治各种食叶害虫如舟形毛虫等和龟蜡蚧，保护叶片。 3. 全园寻找，在大枝干处发现有虫粪的地方，采用挖、熏、毒的方法，熏杀天牛幼虫。 4. 继续进行夏剪。
7~8 月	采后、新梢旺长、花芽分化	夏剪、中耕除草、防治天牛	1. 及时进行夏剪，对旺枝拉枝以控制其长势。 2. 进入雨季后，要及时中耕、除草，防止杂草丛生。 3. 继续防治各种病虫害。注意观察天牛的虫情。

续表 3

时　间	物候期	作业项目	管理内容、措施和要求
9~10 月	花芽分化、新梢生长减缓	施基肥与果园深翻、病虫害防治、建园前的土壤改良、清理果园	1. 最好在果实采收后结合翻耕尽早施基肥，最晚不迟于 9 月。基肥施入量要占全年施肥量的 70%。 2. 继续人工防治天牛。 3. 进行土壤改良，以备休眠期栽树。
11 月	进入休眠	病虫害防治、灌封冻水	1. 彻底清除杂草、落叶、病虫害，集中烧毁或深埋。 2. 用硬毛刷等刷除枝条上各种介壳虫体。树干涂白防冻。

参考文献

[1] 魏安智，杨途熙，撒文清，等. 仁用杏无公害高产优质栽培技术. 北京：中国农业出版社，2003.

[2] 普崇连. 杏树高产栽培. 北京：金盾出版社，1997.

[3] 杨庆山. 鲜食大杏. 郑州：河南省科学技术出版社，2001.

[4] 刘威生，刘宁，赵锋. 怎样提高杏栽培效益. 北京：金盾出版社，2007.

[5] 张加延. 中国果树志·杏卷. 北京：中国林业出版社，1998.

[6] 郗荣平. 果树栽培学总论. 北京：中国农业出版社，1995.

[7] 冯义彬，魏蒙关，郭京南. 优质果品、李杏无公害丰产栽培. 北京：科学技术文献出版社，2005.

[8] 张加延，罗楠，颜昌绪. 李杏资源研究与利用进展. 北京：中国林业出版社，2008.

[9] 赵习平. 杏实用栽培技术. 北京：中国科学技术出版社，2017.

2016年全国名优果品区域公用品牌

彭阳杏子

第十四届中国国际农产品交易会组委会

二〇一六年十一月

2019年中国北京世界园艺博览会

INTERNATIONAL HORTICULTURAL EXHIBITION 2019, BEIJING, CHINA

获奖证书

CERTIFICATE OF AWARD

'红梅杏'杏

彭阳县金凯杏子营销农民专业合作社、彭阳县林业技术推广服务中心

荣获2019年中国北京世界园艺博览会国际竞赛

International Competition of Expo 2019 Beijing China

优质果品大赛

Quality Competition for Fruit

银奖

Silver Award

2019年中国北京世界园艺博览会组织委员会

Organizing Committee of International Horticultural Exhibition 2019, Beijing, China

二〇一九年十月

October, 2019